普通高等教育规划教材

工程流体力学学习指导

Gongcheng
Liuti Lixue
Xuexi Zhidao

齐清兰 ◎编著

人民交通出版社
China Communications Press

内 容 提 要

本书为高等院校土建类各相关专业的教学参考书,内容包括:绪论,流体静力学,流体动力学,流动阻力及能量损失,孔口、管嘴出流和有压管路,明渠均匀流,明渠非均匀流,堰流及闸孔出流,渗流。主要有助于读者巩固所学理论,提高分析、解决工程流体力学问题的能力。

本书可作为高等学校土建类各相关专业的教学参考书和全国注册土木工程师考试的参考书,也可供有关专业的工程技术人员参考。

图书在版编目(CIP)数据

工程流体力学学习指导 / 齐清兰编著. —— 北京:人民交通出版社,2014.2
ISBN 978-7-114-11082-5

Ⅰ.①工⋯ Ⅱ.①齐⋯ Ⅲ.①工程力学 - 流体力学 - 高等学校—教学参考资料 Ⅳ.①TB126

中国版本图书馆 CIP 数据核字(2013)第 301688 号

普通高等教育规划教材

书　　名:	工程流体力学学习指导
著 作 者:	齐清兰
责任编辑:	温鹏飞
出版发行:	人民交通出版社
地　　址:	(100011)北京市朝阳区安定门外外馆斜街 3 号
网　　址:	http://www.ccpress.com.cn
销售电话:	(010)59757973
总 经 销:	人民交通出版社发行部
经　　销:	各地新华书店
印　　刷:	北京盈盛恒通印刷有限公司
开　　本:	787 × 1092　1/16
印　　张:	9.25
字　　数:	215 千
版　　次:	2014 年 2 月　第 1 版
印　　次:	2014 年 2 月　第 1 次印刷
书　　号:	ISBN 978-7-114-11082-5
定　　价:	22.00 元

(有印刷、装订质量问题的图书由本社负责调换)

前　　言

本书作者于2000年主编的高等学校教学参考书《水力学学习指导及考试指南》(齐清兰主编,中国计量出版社,2000)发行后读者反映良好。本书汲取了《水力学学习指导及考试指南》的精华,并作了以下较大改进:

(1) 每章的重点内容主要突出基本概念、基本理论、基本计算方法及工程应用。

(2) 典型例题与实际工程紧密结合。每章的典型例题一部分选自国内外《工程流体力学》、《水力学》教科书和习题集,另一部分是作者在多年从事水力学、流体力学教学以及水动力学科学研究和生产实践过程中积累的。

(3) 书中的每道例题均附有解析,旨在帮助读者进一步巩固所学理论,提高运用理论分析并解决实际问题的能力。

本书共分九章,分别为:绪论,流体静力学,流体动力学,流动阻力及能量损失,孔口、管嘴出流和有压管路,明渠均匀流,明渠非均匀流,堰流及闸孔出流,渗流。每章主要包括重点内容、典型例题两部分内容,每道例题均附有解析和答案。

本书由石家庄铁道大学齐清兰编著,由于作者水平有限,书中不妥之处在所难免,恳请读者批评指正。

作　者
2013年11月

目　　录

- 第一章　绪论 ··· 1
  - 第一节　重点内容 ·· 1
  - 第二节　典型例题 ·· 4
- 第二章　流体静力学 ··· 7
  - 第一节　重点内容 ·· 7
  - 第二节　典型例题 ··· 17
- 第三章　流体动力学理论基础 ·· 26
  - 第一节　重点内容 ··· 26
  - 第二节　典型例题 ··· 39
- 第四章　流动阻力及能量损失 ·· 47
  - 第一节　重点内容 ··· 47
  - 第二节　典型例题 ··· 59
- 第五章　孔口、管嘴出流和有压管路 ··································· 68
  - 第一节　重点内容 ··· 68
  - 第二节　典型例题 ··· 82
- 第六章　明渠均匀流 ··· 90
  - 第一节　重点内容 ··· 90
  - 第二节　典型例题 ··· 94
- 第七章　明渠非均匀流 ·· 98
  - 第一节　重点内容 ··· 98
  - 第二节　典型例题 ·· 109
- 第八章　堰流及闸孔出流 ·· 117
  - 第一节　重点内容 ·· 117
  - 第二节　典型例题 ·· 127
- 第九章　渗流 ·· 132
  - 第一节　重点内容 ·· 132
  - 第二节　典型例题 ·· 137
- 参考文献 ·· 140

第一章 绪　　论

第一节　重点内容

一、流体的连续介质模型

1. 连续介质模型

连续介质模型认为流体充满一个体积时是不留任何空隙的,其中没有真空,也没有分子间的间隙,是连续介质(不考虑微观结构),其物理量可视为空间坐标和时间的连续函数,这样便于运用数学工具进行微积分运算。

2. 质点(微团)

质点(微团)是流体分子的集合。从几何上讲可以任意小,但其中又包含足够多的流体分子,能代表流体的性质。

二、流体的主要物理性质

1. 密度和重度

单位体积流体所具有的质量称为密度,以 ρ 表示,单位为 kg/m^3,公式为:

$$\rho = \frac{M}{V} \tag{1-1}$$

单位体积流体所具有的重量称为重度。以 γ 表示,单位为 N/m^3,公式为:

$$\gamma = \frac{Mg}{V} \tag{1-2}$$

密度和重度的关系:

$$\gamma = \rho g \tag{1-3}$$

计算中通常取 $\rho = 1000 kg/m^3$,$\gamma = 9800 N/m^3$。

2. 黏滞性和理想流体模型

(1)黏滞力

当流体之间存在相对运动时,会产生一种摩擦力阻碍其相对运动,这种力称为黏滞力(内摩擦力)。它随相对运动的产生而产生,消失而消失。图 1-1 所示的明渠水流,其流速分布特征为越靠近底部数值越小。现取出任意相邻两层水体作为研究对象并将其隔离开来,由于两层流速不等而存在相对运动所产生的力 F 即为黏滞力。

(2)牛顿内摩擦定律

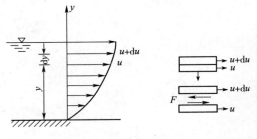

图 1-1　黏性流体的相对运动

牛顿内摩擦定律是通过实验得到的。如图 1-2 所示，在两面积较大的平板之间装有某种流体，底部平板固定，以力 T 拉动上部平板做匀速运动，当两平板之间的距离以及力 T 均较小时，流速分布近似直线，此时的流体运动为层流状态，如图 1-2a) 所示。用任一平面将实验装置分为上、下两部分，以上部分作为研究对象，则有 $F = T$，即通过测量 T 的大小可得到黏滞力 F，如图 1-2b) 所示。

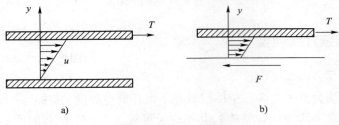

图 1-2　牛顿平板试验示意图

通过牛顿平板实验得到如下结论：
① F 与流速梯度成正比。
② F 与流体的接触面积 ω 成正比。
③ F 与流体的性质有关。
④ F 与接触面上的法向力无关。
以上结论用公式表示为：

$$F = \mu \omega \frac{\mathrm{d}u}{\mathrm{d}y} \tag{1-4}$$

式中：ω——平板面积；
μ——流体的动力黏滞系数，其国际单位为 $N \cdot s/m^2 (Pa \cdot s)$。
单位面积上的内摩擦力（又称切应力）：

$$\tau = \frac{F}{\omega} = \mu \frac{\mathrm{d}u}{\mathrm{d}y} \tag{1-5}$$

式 (1-5) 即为牛顿内摩擦定律。

流体的运动黏性系数 ν（单位：m^2/s）也可以表示流体的黏性，它与动力黏滞系数 μ 的关系为：

$$\nu = \frac{\mu}{\rho} \tag{1-6}$$

(3) 理想流体模型
理想流体是一种假想流体，认为这种流体没有黏性，即 $\mu = 0$。

3. 压缩性和膨胀性

压强增高时，分子间的距离减小，流体宏观体积减小，同时其内部将产生一种试图恢复原状的内力（弹性力）与所受压力维持平衡，撤除压力后可恢复原状，这种性质称为流体的压缩性或弹性。若流体受热,则体积膨胀,密度减小,这种性质称为流体的膨胀性。

(1)液体的压缩性和膨胀性

液体压缩性的大小以体积压缩系数 β 或体积弹性系数 K 表示。

设压缩前体积为 V,压强增加 Δp 后,体积减小 ΔV,体积应变为 $\Delta V/V$,则:

$$\beta = -\frac{\Delta V/V}{\Delta p} \tag{1-7}$$

$$K = \frac{1}{\beta} = -\frac{\Delta p}{\Delta V/V} \tag{1-8}$$

体积压缩系数 β 的单位为 m^2/N,体积弹性系数 K 的单位为 N/m^2。

液体的膨胀性,用体胀系数 α_v 表示,与压缩系数相反,当温度增加 dT 时,液体的密度减小率为 $-d\rho/\rho$,体积变化率为 dV/V,则体胀系数 α_v 为:

$$\alpha_v = \frac{dV/V}{dT} \tag{1-9}$$

或

$$\alpha_v = -\frac{d\rho/\rho}{dT} \tag{1-10}$$

水的压缩性和膨胀性很小,一般情况下可以忽略不计。只有在某些特殊情况下,才考虑水的压缩性和膨胀性,如输水管路中的水击现象、热水采暖问题等。

(2)气体的压缩性和膨胀性

气体的密度由理想气体状态方程确定。在温度不过低、压强不过高时,气体密度 ρ、绝对压强 P 和温度 T 之间的关系服从理想气体状态方程:

$$\frac{p}{\rho} = RT \tag{1-11}$$

式中:T——气体的热力学温度,K;

R——气体常数,$N \cdot m/(kg \cdot K)$。

在等温情况下,压强和密度成正比,即:

$$\frac{p}{\rho} = \frac{p_1}{\rho_1} \tag{1-12}$$

需指出,气体有一个极限密度,对应的压强称为极限压强。当压强超过极限压强时,随压强的增加密度不再增大,所以式(1-12)适用于远小于极限压强的情况。

在定压情况下,温度与密度成反比,即:

$$\rho_0 T_0 = \rho T \tag{1-13}$$

式中:T_0、ρ_0——初始温度和初始密度。

式(1-13)对各种不同温度下的一切气体均适用,尤其适用于中等压强范围内的空气及其他不易液化的气体。

在土木工程中所遇到的大多数气体流动,速度远小于音速,其密度变化不大,可看作不可压缩流体,比如烟道内气体的流动等。

4. 表面张力

自由液面上的液体分子由于受两侧分子引力的不平衡而承受极其微小的拉力,这种拉力称为表面张力。表面张力是一种局部力,且数值很小,常忽略不计。

5. 气化压强

液体分子逸出液面向空间扩散的过程称为气化,液体气化为蒸气。气化的逆过程称为凝结,蒸气凝结为液体。当这两个过程达到动平衡时,宏观的气化现象停止,此时液体的压强称为饱和蒸气压强,或气化压强,液体的气化压强与温度有关。工程上通常要求液体某处的压强大于气化压强,以防气蚀破坏。

三、作用在流体上的力

作用于流体上的力分为:表面力和质量力两大类。

1. 表面力

作用于被研究的隔离体表面上的力,其大小与受作用的流体表面积成正比。包括压力、黏滞力、表面张力等。

2. 质量力

作用在隔离体内每个流体质点上的力,其大小与流体的质量成正比。包括重力、惯性力等。

质量为 M 的流体,若总质量力为 $\vec{F}$,则单位质量力 $\vec{f} = \dfrac{\vec{F}}{M}$。

单位质量力的三个分量 X、Y、Z 与总质量力的三个分量 F_x、F_y、F_z 的关系为:

$$X = \frac{F_x}{M}, Y = \frac{F_y}{M}, Z = \frac{F_z}{M}$$

当只有重力作用时,$X = 0, Y = 0, Z = -g$(向上为 z 轴的正方向)。单位质量力的单位为 m/s^2。

第二节 典型例题

【例 1-1】 当温度为 t_1 时,水的密度为 $\rho_1 = 998.23 \text{kg/m}^3$,当温度升至 t_2 时,其体积增加了 4.2%,问此时水的密度多大?其密度减少了百分之几?

解析:当温度变化时,水的密度发生变化,但质量不变,即 $\rho_1 V_1 = \rho_2 V_2$。

答案:由 $\rho_1 V_1 = \rho_2 V_2$ 得到:

$$\rho_2 = \rho_1 \frac{V_1}{V_2} = 998.23 \times \frac{V_1}{1.042 V_1} = \frac{998.23}{1.042} = 957.994 \text{kg/m}^3$$

密度相对减少的百分比为:

$$\frac{\rho_1 - \rho_2}{\rho_1} = \frac{998.23 - 957.99}{998.23} \times 100\% = 4.03\%$$

【例1-2】 某气体在20℃及$0.2 \times 10^6 \text{Pa}$绝对压强时的体积为$V = 0.04 \text{m}^3$,气体常数$R = 210 \text{m} \cdot \text{N}/(\text{kg} \cdot \text{K})$,求该气体的密度$\rho$和质量$m$。

解析: 本题可直接用理想气体状态方程求密度,由$m = \rho V$计算质量。

答案: 具体计算如下:

密度
$$\rho = \frac{p}{RT} = \frac{0.2 \times 10^6}{210(273 + 20)} = 3.25 \text{kg/m}^3$$

质量
$$m = \rho V = 3.25 \times 0.04 = 0.13 \text{kg}$$

【例1-3】 已知液体中流速沿y方向分布如图1-3所示三种情况,试根据牛顿内摩擦定律$\tau = \mu \frac{du}{dy}$,定性绘出切应力τ沿y方向的分布图。

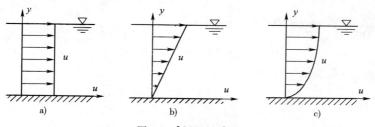

图1-3 【例题1-3】图

解析: 图1-3a)所示的流速为常数,则$\frac{du}{dy} = 0$;图1-3b)所示的流速分布为直线,可表示为$u = by$,即$\frac{du}{dy} = b = $常数;图1-3c)所示的流速分布为二次曲线,可表示为$u = by + cy^2$,即$\frac{du}{dy} = b + 2cy$,为直线分布,需注意的是液面处速度梯度为零。

答案: 如图1-4所示。

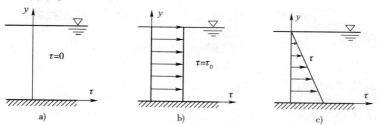

图1-4 【例题1-3】答案图

【例1-4】 如图1-5所示,水平固体边界上的速度分布呈抛物线形,其函数表达式为:$u = Ay^2 + By + C$,式中,A、B、C为待定常数,在$y = 0$处,$u_0 = 0$,在$y \geq 1\text{m}$处,流速近似为$u_1 = 2\text{m/s}$,设水的运动黏性系数$\nu = 10^{-6} \text{m}^2/\text{s}$,试求$y_0 = 0\text{m}$、$y_{0.5} = 0.5\text{m}$和$y_1 = 1\text{m}$处的切应力。

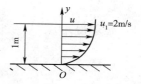

图1-5 【例题1-4】图

解析：题目要求计算某处的切应力，需用到牛顿内摩擦定律 $\tau = \mu \dfrac{du}{dy}$。现已知底部和液面的流速值，且液面处流速梯度为零，代入流速及其导数的表达式即可确定 A、B、C；计算 $y_0 = 0\text{m}$、$y_{0.5} = 0.5\text{m}$ 和 $y_1 = 1\text{m}$ 处的 $\dfrac{du}{dy}$ 值，代入牛顿内摩擦定律计算切应力。

答案：由流速的函数表达式并求导后得到：

$$\begin{cases} u = Ay^2 + By + C & (1) \\ \dfrac{du}{dy} = 2Ay + B & (2) \end{cases}$$

将 $y = 0$、$u = 0$ 及 $y = 1$、$u = 2$ 代入式(1)，将 $y = 1$、$\left.\dfrac{du}{dy}\right|_{y=1} = 0$，代入式(2)：

$$\begin{cases} 0 = C \\ 2 = A + B + C, \\ 0 = 2A + B \end{cases} \quad \text{解得} \begin{cases} C = 0 \\ A = -2 \\ B = 4 \end{cases}$$

根据 $\tau = \mu \dfrac{du}{dy}$，且 $\mu = \rho\nu = 10^{-3}\text{Pa}\cdot\text{s}$，则：

$$\tau = \mu(2Ay + B) = 10^{-3} \times (4 - 4y) \quad (3)$$

将 $y_0 = 0\text{m}$、$y_{0.5} = 0.5\text{m}$ 和 $y_1 = 1\text{m}$ 代入式(3)，得到：

$$\begin{cases} \tau_0 = 4 \times 10^{-3}\text{Pa} \\ \tau_{0.5} = 2 \times 10^{-3}\text{Pa} \\ \tau_1 = 0 \end{cases}$$

【例1-5】 一底面积为 $\omega = 45 \times 50\text{cm}^2$、质量为 5kg 的木块，沿涂有润滑油的斜面向下作等速运动，木块运动速度 $u = 1.2\text{m/s}$，油层厚度 $\delta = 1\text{mm}$，斜面倾角 $\theta = 20°$（图1-6），求油的动力黏滞系数 μ。

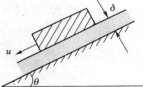

图1-6 【例题1-5】图

解析：首先分析木块沿运动方向所受的力：一是重力沿流动方向的分力；二是运动产生的摩擦力，作等速运动时两者相等。摩擦力由牛顿内摩擦定律计算，由于油层厚度极薄，近似认为流速为直线分布，即 $u = ay$，$\dfrac{du}{dy} = a$，由于 $y = \delta$ 时，$u = 1.2$，因此 $a = \dfrac{u}{y} = \dfrac{1.2}{0.001}$。由力的平衡条件可计算 μ 值。

答案：由于木块作等速运动，则重力沿流动方向的分力与摩擦力相等。即：

$$mg\sin\theta = T = \mu\omega \dfrac{du}{dy} = \mu\omega a$$

整理得：

$$\mu = \dfrac{mg\sin\theta}{\omega a} = \dfrac{5 \times 9.8 \times \sin 20°}{0.45 \times 0.5 \times \dfrac{1.2}{0.001}} = 0.062\text{Pa}\cdot\text{s}$$

第二章 流体静力学

第一节 重点内容

一、流体静压强及其特性

1. 压强的定义

在静止流体中取一微元体作隔离体。为保持隔离体仍处于静止状态,需要在隔离体表面上施加外力,以代替四周流体对隔离体的作用,如图 2-1 所示。用任一平面 ABCD 将隔离体分为 Ⅰ、Ⅱ 两部分,假定将 Ⅰ 部分移去,并以与其等效的力代替它对 Ⅱ 部分的作用,显然,余留部分不会失去原有的平衡。

从平面 ABCD 上取出一微小面积 $\Delta\omega$,a 点是该面的几何中心,令力 ΔP 为从移去液体方面作用在面积 $\Delta\omega$ 上的总作用力,则 ΔP 称为面积 $\Delta\omega$ 上的流体静压力,作用在 $\Delta\omega$ 面上的平均流体静压强 $\bar{p}$ 可表示为:

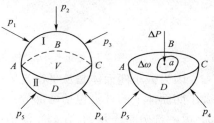

图 2-1 平衡流体中隔离体的受力

$$\bar{p} = \frac{\Delta P}{\Delta\omega} \tag{2-1}$$

当 $\Delta\omega$ 无限缩小到点 a 时,平均压强 $\frac{\Delta P}{\Delta\omega}$ 便趋于某一极限值,此极限值定义为该点的流体静压强,即:

$$p = \lim_{\Delta\omega \to 0} \frac{\Delta P}{\Delta\omega} = \frac{dP}{d\omega} \tag{2-2}$$

在国际单位制中,流体静压力的单位为 N,流体静压强的单位为 N/m^2,又称帕斯卡,用 Pa 表示。

2. 流体静压强的特性

第一特性:流体静压强的方向垂直指向被作用面。若受压面为曲面,则某点处的静压强垂直于过该点的切平面。其原因为:假如某点处的流体静压强是任意方向,则该压强可分解为法向应力与切向应力,根据流体的性质,在切向应力作用下,流体将失去平衡而流动,这与静止流体的前提不符,故流体静压强必须垂直于过该点的切平面;又由于流体不能承受拉应力,故只能为压应力,如图 2-2 所示。

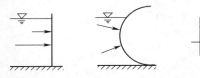

图 2-2 静压强方向示意图

第二特性：作用于同一点上各方向的流体静压强大小相等。如图 2-3 所示的折面 ABC，B 点处的压强 p_{B1} 和 p_{B2} 虽然方向不同，但大小相等，$p_{B1}=p_{B2}$。

第二特性的证明如下：

在平衡流体中分割出一无限小的四面体 $OABC$（图 2-4），倾斜面 ABC 的法线方向任意选取。为简单起见，让四面体的三个棱边与坐标轴重合，各棱边长为 Δx、Δy、Δz，且 z 轴与重力方向平行。现以 p_x、p_y、p_z 和 p_n 分别表示坐标面和斜面 ABC 上的平均压强。如果能够证明，当四面体 $OABC$ 无限地缩小到 O 时，$p_x=p_y=p_z=p_n$（n 为任意方向），则流体静压强的第二特性得到证明。

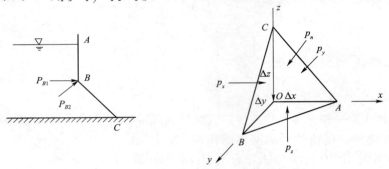

图 2-3　静压强第二特性示意图　　　　图 2-4　微小四面体所受表面力

因为微小四面体是从平衡流体中分割出来的，它在所有外力作用下必处于平衡。作用于微小四面体上的外力包括两部分：一部分是四个表面上的表面力，即周围流体作用的流体静压力；另一部分是质量力，在静止流体中质量力只有重力。

表面力和质量力可分别表示为：

$$
表面力
\begin{cases}
p_x \dfrac{1}{2}\Delta y\Delta z \\[4pt]
p_y \dfrac{1}{2}\Delta x\Delta z \\[4pt]
p_z \dfrac{1}{2}\Delta x\Delta y \\[4pt]
p_n \Delta s
\end{cases}
$$

$$
质量力
\begin{cases}
X\rho \dfrac{1}{6}\Delta x\Delta y\Delta z \\[4pt]
Y\rho \dfrac{1}{6}\Delta x\Delta y\Delta z \\[4pt]
Z\rho \dfrac{1}{6}\Delta x\Delta y\Delta z
\end{cases}
$$

写出沿 x 方向力的平衡方程：

$$p_x \frac{1}{2}\Delta y\Delta z - p_n \Delta s\cos(n,x) + X\rho \frac{1}{6}\Delta x\Delta y\Delta z = 0 \tag{2-3}$$

由于 $\Delta s\cos(n,x)$ 表示斜面 ABC 在 yOz 平面上的投影，则有：

$$\Delta s\cos(n,x) = \frac{1}{2}\Delta y \cdot \Delta z$$

代入式(2-3)得到:

$$p_x \frac{1}{2}\Delta y\Delta z - p_n \frac{1}{2}\Delta y\Delta z + X\rho \frac{1}{6}\Delta x\Delta y\Delta z = 0$$

即:

$$p_x - p_n + X\frac{1}{3}\rho\Delta x = 0$$

取微分四面体无限缩至 O 点的极限,则 $p_x = p_n$。
建立 y 方向和 z 方向的平衡方程,则 $p_y = p_n, p_z = p_n$。
由此得到 $p_x = p_y = p_z = p_n$。
静止流体任意点压强仅是空间坐标的函数而与受压面方位无关,即 $p = p(x,y,z)$。

二、重力作用下流体静压强的分布规律

1. 液体静力学的基本方程

如图 2-5 所示,在均质液体中取一竖直柱形隔离体,它的水平截面积为 $d\omega$,顶部压强为 p_1,底部压强为 p_2,顶部、底部距液面的距离分别为 h_1、h_2,距基准面的距离分别为 z_1、z_2,液面压强用 p_0 表示。

在重力作用下,水平方向没有质量力,前后左右的水平方向表面力处于平衡状态。在竖直方向,顶面压力等于 $p_1 d\omega$,方向向下,底面的压力等于 $p_2 d\omega$,方向向上,质量力是重力 $\gamma h d\omega$,或表示为 $\gamma(z_1 - z_2) d\omega$,方向向下,各力处于平衡状态,则有:

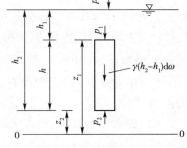

图 2-5 柱形隔离体的受力

$$p_1 d\omega + \gamma(z_1 - z_2) d\omega - p_2 d\omega = 0 \tag{2-4}$$

整理得:

$$z_1 + \frac{p_1}{\gamma} = z_2 + \frac{p_2}{\gamma} \tag{2-5a}$$

式(2-5a)表明静止液体中任意两点的 $z + \frac{p}{\gamma}$ 值相等,即:

$$z + \frac{p}{\gamma} = C \tag{2-5b}$$

式(2-4)也可表示为:

$$p_1 d\omega + \gamma h d\omega - p_2 d\omega = 0$$

整理得:

$$p_2 = p_1 + \gamma h \tag{2-6}$$

当柱体上底面与液面齐平时,则上底面压强为 p_0,由式(2-6)得到位于液面以下深度为 h 的液体静压强为:

$$p = p_0 + \gamma h \tag{2-7}$$

式(2-5)和式(2-7)为重力作用下液体静力学基本方程的两种形式,应用时需注意下述几点:
①当 $p_1 < p_2$ 时,$z_1 > z_2$,即位置较低点压强恒大于位置较高点压强。
②任一点压强由两部分组成:一部分为液面压强 p_0,另一部分是由 γh 产生的压强,两者相

互独立。

③压强 p 随液体深度 h 呈线性增大。

④当液面暴露在大气中时,式(2-7)可表示为:

$$p = p_a + \gamma h \tag{2-8}$$

式中:p_a——大气压强,通常取 1 个工程大气压,其值为 98kN/m^2。

⑤对于液体内任意两点,如 2 点在 1 点以下的垂直深度为 Δh,则两点压强的关系为:

$$p_2 = p_1 + \gamma \Delta h$$

2. 等压面

由式(2-5a)可以看出,当 $p_1 = p_2$ 时,$z_1 = z_2$,即压强相等的各点组成的面为水平面。压强相等的点组成的面又称为等压面,所以,对于同一种连续的静止液体,水平面为等压面。

图 2-6 所示的 1-1、2-2、3-3 均为等压面。

3. 气体压强计算

液体静力学基本方程也适用于不可压缩气体。由于气体重度很小,在高差不大的情况下,气柱产生的压强值很小,因而可忽略 γh 的影响,即认为空间各点气体压强相等。

4. 绝对压强、相对压强、真空值

(1)绝对压强:以设想没有大气存在的绝对真空状态作为零点计量的压强。绝对压强总为正值,用 p_{abs} 表示。

(2)相对压强:以当地大气压强作为零点计量的压强。相对压强可能出现负值,用 p 表示。

绝对压强与相对压强相差一个当地大气压强 p_a,即:

$$p_{\text{abs}} = p + p_a \tag{2-9}$$

或

$$p = p_{\text{abs}} - p_a$$

如图 2-7 所示,若已知 p_0 为相对压强,则 A 点相对压强和绝对压强分别为:

$$p_A = p_0 + \gamma h_1, \quad p_{A\text{abs}} = p_0 + \gamma h_1 + p_a$$

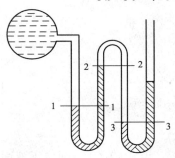

图 2-6 等压面示意图

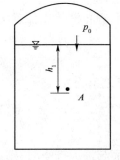

图 2-7 压强计算示意图

若 p_0 为绝对压强,则 A 点绝对压强和相对压强分别为:

$$p_{A\text{abs}} = p_0 + \gamma h_1, \quad p_A = p_0 + \gamma h_1 - p_a$$

对于开口容器,则有:

$$p_A = \gamma h_1, \quad p_{A\text{abs}} = p_a + \gamma h_1$$

(3)真空值:当流体中某一点的绝对压强小于当地大气压强时,则称该点存在真空。该点绝对压强小于当地大气压强的数值(或该点相对压强的绝对值)称为真空值,用 p_v 表示。

$$p_v = p_a - p_{abs} = |p| \qquad (2\text{-}10)$$

绝对压强、相对压强、真空值之间的关系如图 2-8 所示。

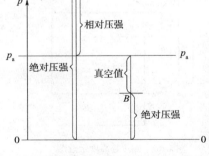

图 2-8　绝对压强、相对压强和真空值

5.液体静压强分布图

根据流体静压强的两个特性和式(2-7)可绘制压强随液体深度变化的几何图形,称为液体静压强分布图。工程中一般要求绘制相对压强分布图。

(1)计算公式

液面压强为 p_0 时:

$$p = p_0 + \gamma h$$

液面为大气压强时:

$$p = \gamma h$$

(2)绘制原则

按比例用线段长度表示某点静压强的大小;用箭头表示静压强的方向(垂直指向被作用面);连直线或曲线,画成一个完整的压强分布图。当绘制作用于平面上的压强分布图时,因压强随液体深度是直线变化,所以只要算出两点压强值,按比例标出长度,连直线即可;当绘制作用于具有转折的平面上的压强分布图时,需要以转折点为分界,在转折点处的两个压强大小相等,但压强方向应各自垂直于受压面;对于具有等半径的圆弧曲面上的压强分布图,其各点的压强方向应沿半径方向指向圆心,如图 2-9 所示。

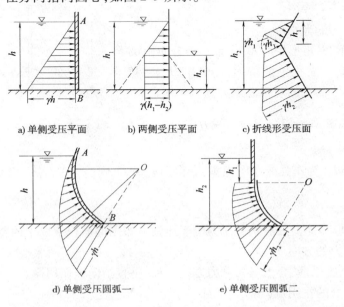

图 2-9　各种情形下流体静压强的分布图

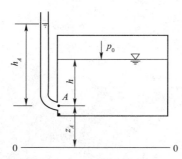

图 2-10 测压管高度示意图

6. 测压管高度、测压管水头、真空度

（1）测压管高度、测压管水头

图 2-10 所示的密闭容器中盛有水，A 点处的相对压强 $p_A = \gamma h_A$，则 $h_A = \dfrac{p_A}{r}$ 称为 A 点的测压管高度。

若 A 点在基准面以上的高度用 z_A 表示，则 z_A 称为 A 点的位置高度。

测压管高度与位置高度之和 $z_A + \dfrac{p_A}{\gamma}$ 称为 A 点的测压管水头。

由式(2-2)得到，在静止液体中各点的测压管水头不变。

测压管高度是压强用液柱高表示的一种方法，与其他压强单位的换算关系为：

$$1 \text{at}(工程大气压) = 98\text{kPa} = 10\text{mH}_2\text{O}(米水柱高) = 736\text{mmHg}(毫米汞柱)$$

（2）真空度

真空值的液柱高用 h_v 表示：

$$h_v = \dfrac{p_v}{\gamma} = \dfrac{p_a - p_{\text{abs}}}{\gamma} \tag{2-11}$$

称为真空度。

当 $p_{\text{abs}} = 0$ 时，称为完全真空（完全真空实际上是不存在的），此时 $h_v = 10\text{m}$ 水柱，称为理论上的最大真空度。

三、作用在平面上的静水总压力

1. 图解法（适用于矩形平面）

（1）静水总压力的大小

如图 2-11 所示，在矩形平面 AB 上取一微分面积 $d\omega = bdh$，则作用在该微小面积上的静水总压力 $dP = pd\omega = \gamma hbdh$，作用在 AB 平面上的静水总压力为：

$$P = \int dP = \gamma b \int_0^H h dh = \dfrac{1}{2}\gamma H^2 b$$

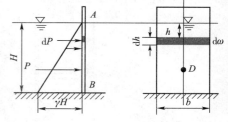

图 2-11 图解法示意图

不难看出，$\dfrac{1}{2}\gamma H^2$ 为压强分布图面积，令该面积为 Ω，则：

$$P = \Omega b \tag{2-12}$$

由此可见，矩形平面上的静水总压力等于压强分布图的面积乘以平面宽度。

（2）静水总压力的方向

由平行力系合成原理，合力与各分力方向一致，垂直指向被作用面。

（3）静水总压力的作用点（压力中心）

静水总压力通过压强分布图的形心作用在受压面的纵对称轴上（图 2-11 中 D 点）。

利用图解法求作用点位置常采用合力矩定理:合力对某一轴之矩等于各分力对该轴之矩的代数和。

图 2-12 所示的受压面 AB,其上的压强分布图为梯形,其静水总压力为:

$$P = P_1 + P_2 = \frac{1}{2}\gamma(h_1 + h_2)lb$$

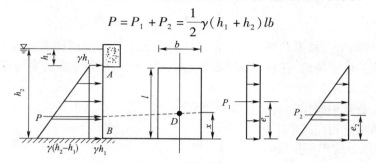

图 2-12 梯形荷载分解

现将梯形压强分布图分解为两部分:一部分为矩形,另一部分为三角形,两部分的静水总压力和作用点距底边的距离分别用 P_1、P_2、e_1、e_2 表示,则:

$$P_1 = \gamma h_1 lb, e_1 = \frac{l}{2}$$

$$P_2 = \frac{1}{2}\gamma(h_2 - h_1)lb, e_2 = \frac{l}{3}$$

设静水总压力 P 距底边的距离为 x,由合力矩定理:

$$Px = P_1 e_1 + P_2 e_2$$

由此得到作用点距底边距离:

$$x = \frac{l}{3}\left(\frac{2h_1 + h_2}{h_1 + h_2}\right)$$

需指出:用图解法解题一定注意三心(受压面形心、压强分布图形心和压力中心)的区别。

2. 解析法(适用于任意形状的平面)

(1)静水总压力的大小

如图 2-13 所示,将任意形状平面 MN 倾斜地放置在静水中,平面延展面与自由水面(其上作用的压强为大气压强)交角为 α,延展面与自由水面的交线是一条水平线(Ox)。若以 Oy 为轴旋转 90°,便可清楚地看到 MN 的形状及尺寸。设 ω 为该任意平面的面积,其形心点在水面以下的深度为 h_C。在平面上任取一微小面积 $d\omega$,其中心点在水面以下的深度为 h,则该点的相对压强 $p = \gamma h$,由于 $d\omega$ 很小,可近似认为 $d\omega$ 上各点压强都相等,则作用在 $d\omega$ 面积上的压力为:

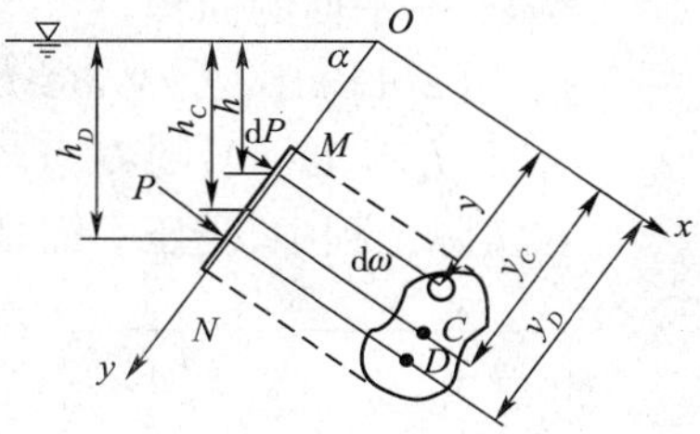

$$dP = \gamma h d\omega = \gamma y \sin\alpha d\omega$$

图 2-13 解析法示意图

MN 平面上的静水总压力:

$$P = \int dP = \int_\omega \gamma y \sin\alpha d\omega = \gamma \sin\alpha \int_\omega y d\omega = \gamma \sin\alpha y_C \omega$$

式中：$\int_\omega y\mathrm{d}\omega$——面积 ω 对 Ox 轴的静矩，积分结果为 $y_C\omega$；

y_C——MN 平面形心点到 Ox 轴的距离。

所以：
$$P = \gamma h_C \omega = p_C \omega \tag{2-13}$$

上式表明：作用于任意形状平面上静水总压力的大小等于受压面面积 ω 与其形心处静水压强 γh_C 的乘积。也就是说，任意形状平面形心点的压强等于该平面的平均压强。

(2) 静水总压力的方向

由于作用在各微小面积上的压力为一簇平行力系，并且垂直于所作用的平面。因此，总压力的方向也必然垂直指向被作用面。

(3) 静水总压力的作用点（压力中心）

压力中心的位置可通过合力矩定理来确定。对 Ox 轴取矩：

$$Py_D = \int_\omega y\mathrm{d}P = \int_\omega \gamma y^2 \sin\alpha \mathrm{d}\omega = \gamma\sin\alpha \int_\omega y^2 \mathrm{d}\omega = \gamma\sin\alpha J_x = \gamma\sin\alpha(J_C + y_C^2\omega)$$

其中：
$$J_x = \int_\omega y^2 \mathrm{d}\omega$$

式中：J_x——受压面面积对 Ox 轴的惯性矩，根据惯性矩的平行移轴定理，有 $J_x = J_C + y_C^2\omega$；

J_C——受压面对通过其形心并与 Ox 轴平行的轴的惯性矩。

于是：
$$y_D = \frac{\gamma\sin\alpha(J_C + y_C^2\omega)}{P} = \frac{\gamma\sin\alpha(J_C + y_C^2\omega)}{\gamma\sin\alpha y_C\omega}$$

即：
$$y_D = y_C + \frac{J_C}{y_C\omega} \tag{2-14}$$

式中：y_D——从压力中心开始起算沿平面在水中放置的方向向上至自由液面（相对压强为零）的距离；

y_C——从平面形心开始起算沿平面在水中放置的方向向上至自由液面的距离；

ω——平面的面积。

在式(2-11)中，$J_C/y_C\omega \geq 0$，故 $y_D \geq y_C$，即 D 点一般在 C 点的下面，只有当受压面水平，$y_C \to \infty$ 时，$J_C/y_C\omega \to 0$，则 D 点与 C 点重合。

在实际工程中，受压平面多是轴对称面（对称轴与 Oy 轴平行），总压力 P 的作用点必位于对称轴上，因此通过式(2-11)就可以确定 D 点的位置。

四、作用在曲面上的静水总压力

1. 计算原则

如图 2-14 所示，二向曲面 AB 的母线垂直于纸面，母线长为 b，面积为 ω，柱面的一侧受有静水压力。

为克服非平行力系的计算困难，可作很多条相互平行的母

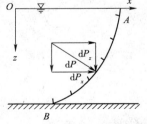

图 2-14 二向曲面受力计算示意图

线将曲面 ω 分成无数个微小面积（每一微小面积可近似看作平面），而作用在每一微小面积上的压力 dP 可分解成水平分力 dP_x 及垂直分力 dP_z，分别积分 dP_x 及 dP_z 可以得到静水总压力的水平分力 P_x 及垂直分力 P_z：

$$P_x = \int dP_x, P_z = \int dP_z$$

合成后得到作用在曲面上的静水总压力：

$$P = \sqrt{P_x^2 + P_z^2}$$

2. 静水总压力的水平分力

如图 2-15a）所示，在 AB 曲面上选取 EF 微小面积，其在液面下的深度为 h，面积为 $d\omega$，则 EF 微小面积上的静水压力：$dP = \gamma h d\omega$，dP 的方向垂直指向 EF 面，与水平方向的夹角为 α，如图 2-15b）所示。

dP 在水平方向的投影：

$$dP_x = dP\cos\theta = \gamma h d\omega \cos\theta = \gamma h d\omega_x$$

其中：

$$d\omega_x = d\omega \cos\theta$$

式中：$d\omega_x$——EF 微小面积在铅直面上的投影面积。

由于所有微小面积上的水平分力方向是相同的，所以对 dP_x 积分便得 AB 曲面上总压力的水平分力，即：

$$P_x = \int dP_x = \int_{\omega_x} \gamma h d\omega_x = \gamma \int_{\omega_x} h d\omega_x = \gamma h_c \omega_x \tag{2-15}$$

式中：$\int_{\omega_x} h d\omega_x$——曲面的垂直投影平面 ω_x 对水平轴（水面与垂直投影面的交线）的静矩；

h_c——面积 ω_x 的形心在水面下的深度。

可见，作用于曲面上总压力的水平分力等于作用在该曲面的垂直投影面上的静水总压力。P_x 的作用线通过垂直投影面 ω_x 的压力中心。由于二向曲面在垂直投影面上的投影为矩形平面（图 2-15a），所以可以用图解法求出 P_x，也可以采用解析法求解。

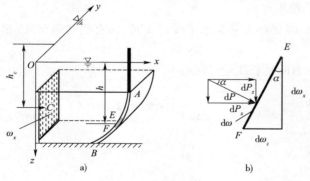

图 2-15 水平分力计算示意图

3. 静水总压力的垂直分力

（1）计算公式

如图 2-15b）所示，dP 在垂直方向的投影：

15

$$\mathrm{d}P_z = \mathrm{d}P\sin\alpha = \gamma h \mathrm{d}\omega \sin\alpha = \gamma h \mathrm{d}\omega_z$$

同理,对上式积分,得整个曲面面积上的静水总压力的垂直分力 P_z,即:

$$P_z = \int \mathrm{d}P_z = \int_{\omega_x} \gamma h \mathrm{d}\omega_z = \gamma \int_{\omega_z} h \mathrm{d}\omega_z$$

式中:$h\mathrm{d}\omega_z$——微小面积 EF 所托液体的体积。

故 $\int_{\omega_z} h \mathrm{d}\omega_z$ 相当于曲面 AB 所托液体的体积,称为压力体,如图 2-16 所示。于是:

$$P_z = \gamma V$$

式中:V——压力体的体积。

即作用在曲面上静水总压力的垂直分力 P_z 等于其压力体的重量。

(2)压力体的绘制和 P_z 的方向

压力体是由曲面本身、过曲面边缘的铅直面、自由液面或自由液面的延长面(自由液面指相对压强 $p=0$ 的面)包围而成的体积。压力体不一定由实际水体构成,故分为实压力体和虚压力体。当液体和压力体位于曲面同侧时,P_z 向下,此时的压力体称为实压力体,如图 2-17a)所示。当液体及压力体各在曲面的一侧时,则 P_z 向上,此时的压力体称为虚压力体,如图 2-17b)所示。P_z 的作用线通过压力体的重心。

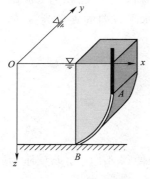

图 2-16 压力体示意图

4. 静水总压力

(1)静水总压力的大小

$$P = \sqrt{P_x^2 + P_z^2}$$

(2)静水总压力的方向

$$\alpha = \arctan \frac{P_z}{P_x}$$

(3)静水总压力的作用点

作直线通过 P_x、P_z 的交点 K 并与水平线成 α 角,该直线与曲面 AB 的交点即为作用点,如图 2-18 所示。

对于圆弧面,总压力的延长线通过圆心。

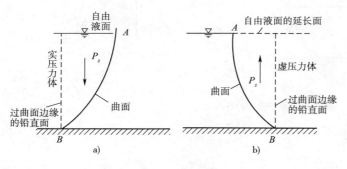

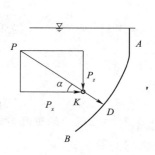

图 2-17 实压力体和虚压力体

图 2-18 作用点位置

第二节 典型例题

【例 2-1】 绘制图 2-19 中的静水压强分布图。

解析：图 2-19a)为两侧有水的情况,应分别绘制,两侧体积相同部分可以抵消;图 2-19b)中部分液体处于真空状态,应首先找出 $p=0$ 的面,真空部分的图形为倒三角形,且箭头方向与正常情况相反,液面以上气体部分的压强不变;图 2-19c)为曲面的情况,应计算各代表点处的压强,再连成曲线,不能两点连线。

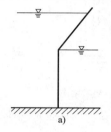
a)
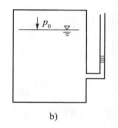
b)
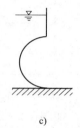
c)

图 2-19 【例题 2-1】图

答案：如图 2-20 所示。

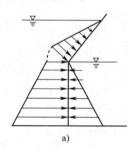
a)
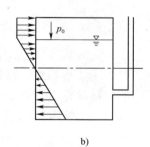
b)

c)

图 2-20 【例题 2-1】答案图

【例 2-2】 如图 2-21 所示,容器中的液体为 γ_1,测压计中的液体为 γ_2($\gamma_2 > \gamma_1$),试问处于同一水平线上的 1、2、3、4、5 点哪点压强最大？哪点最小？哪些点相等？

解析：由等压面原理可知, $p_1 = p_2$, $p_3 = p_4$,而 $p_3 = p_4 > p_0$。对于气体可认为压强处处相等,所以 $p_2 = p_0$。由于 $h_1 > h_2$,因此 $p_1 = p_2 > p_5$。

答案：$p_5 < p_1 = p_2 < p_3 = p_4$。

【例 2-3】 图 2-22 所示两种液体盛在同一容器中($\gamma_1 < \gamma_2$)。请标出右侧三根测压管中的液面位置。

解析：本题考查流体静力学基本方程的应用条件。1 点处测压管中的液体重度为 γ_1,故测压管中的液面与容器中液面齐平。2、3 点处的测压管中液体重度同为 γ_2,故满足 $z_2 + \dfrac{p_2}{\gamma_2} = z_3 + \dfrac{p_3}{\gamma_2}$,而对于不同液体,$z_1 + \dfrac{p_1}{\gamma} \neq z_2 + \dfrac{p_2}{\gamma}$。

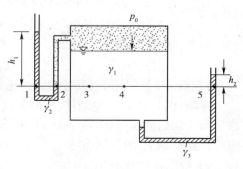

图 2-21 【例题 2-2】图

答案:1 点处测压管中液面与容器中液面齐平。2、3 点处的测压管中液面齐平,两者均低于容器液面,证明如下:

等压面如图 2-23 所示,则:

$$\gamma_1 x_1 = \gamma_2 x_2, x_2 = \frac{\gamma_1}{\gamma_2} x_1$$

由于 $\gamma_1 < \gamma_2$,得 $x_2 < x_1$。

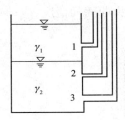
图 2-22 【例题 2-3】图

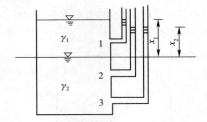
图 2-23 【例题 2-3】答案图

【例 2-4】 如图 2-24 所示,已测得 A 容器压力表读数为 0.25 个工程大气压,测压计内水银面之间充满酒精。

已知: $h_1 = 20 \text{cm}, h_2 = 25 \text{cm}, h = 70 \text{cm}; \gamma_{水银} = 13.6 \gamma_水, \gamma_{酒精} = 0.8 \gamma_水$。

求 B 容器压强 p_B。

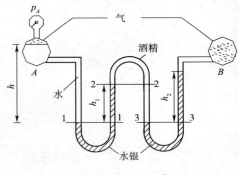
图 2-24 【例题 2-4】图

解析:本题重点考查等压面概念与流体静压强计算的联合应用,图 2-24 中 1-1、2-2、3-3 为等压面。由于 A 容器压强已知,可由等压面上各点压强相等的条件计算出 B 容器的压强(认为气体压强处处相等)。

答案:在 1-1 等压面处:

$$p_1 = p_A + \gamma h = p_2 + \gamma_汞 h_1$$

在 3-3 等压面处:

$$p_2 + \gamma_{酒} h_1 = p_B + \gamma_汞 h_2$$

所以:

$$p_A + \gamma h = p_B + \gamma_汞 h_2 - \gamma_{酒} h_1 + \gamma_汞 h_1$$

$$p_B = p_A + \gamma h - \gamma_汞 (h_1 + h_2) + \gamma_{酒} h$$
$$= 0.25 \times 98000 + 0.7 \times 9800 - 13.6 \times 9800 \times 0.45 + 0.8 \times 9800 \times 0.2$$
$$= -27048 \text{N/m}^2$$

由于 $p_B < 0$,所以 B 容器处于真空状态,其真空值为:

$$p_{BV} = 27048 \text{N/m}^2$$

【例题 2-5】 绘制下列各曲面的压力体。

解析:图 2-25a)为复杂柱面,应分成 AC、CB 两部分分别绘制压力体,再叠加。答案中阴影部分为叠加后的压力体;图 2-25b)中 AB 曲面受两种液体作用,虽然绘制压力体的原则不变,但应注意计算 P_z 时不同重度的压力体体积应分别计算,即 $P_z = \gamma_1 V_1 + \gamma_2 V_2$。图 2-25c)为存在真空的情况,应首先找到 $p = 0$ 的面,再按原则绘制。

答案:如图 2-26 所示。

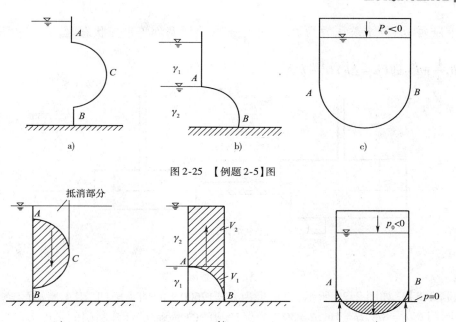

图 2-25 【例题 2-5】图

图 2-26 【例题 2-5】答案图

【例 2-6】 如图 2-27 所示，左侧容器中盛有重度为 γ_1 的液体，右侧容器中盛有重度为 γ_2、$\gamma_1(\gamma_2 < \gamma_1)$ 的两种液体，试问：

（1）两图中曲面 AB 上的压力体形状是否相同？

（2）两图中曲面 AB 单位宽度上所受的垂直总压力是否相同？

解析： 本题重点考查压力体的绘制及垂直分力的计算方法。压力体是由曲面本身、过曲面边缘的铅垂面、自由液面或其延长面包围而成的体积，故两图压力体形状相同，但是需注意在计算垂直分力 p_z 时，不同重度的部分应分别计算，故两图单位宽度上所受的垂直总压力不同。

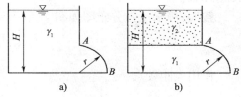

图 2-27 【例题 2-6】图

答案： 由图 2-26b）得到：

对于图 2-27a） $\qquad P_z = \gamma_1(v_1 + v_2)\uparrow$

对于图 2-27b） $\qquad P_z = \gamma_1 v_1 + \gamma_2 v_2 \uparrow$

【例题 2-7】 两个水平放置的圆柱形容器，其内盛满水，它们之间用活塞连接。当活塞平衡时，测压管中水面如图 2-28 所示，两活塞直径分别为 $D = 0.2\text{m}$，$d = 0.15\text{m}$，图中 $h = 2.4\text{m}$。求两测压管水面差 Δh。

解析： 本题重点考查作用在平面上静水总压力的求解。应首先计算两活塞形心点的压强，由此得到两活塞所受的静水总压力，再由力的平衡方程求出未知量。

答案： 右侧测压管水面距基准面的高度为 h，左侧测压管水面距基准面的高度为 $(h - \Delta h)$，则左侧活塞形心处的压强为 $\gamma(h - \Delta h)$，其静水总压力 $P_1 = \gamma(h - \Delta h)\dfrac{1}{4}\pi D^2$。右侧活塞

形心处压强为 γh，静水总压力为 $P_2 = \gamma h \frac{1}{4}\pi d^2$，当活塞处于平衡状态时，满足 $\gamma(h-\Delta h)\frac{1}{4}\pi D^2 = \gamma h \frac{1}{4}\pi d^2$，即 $(h-\Delta h)D^2 = hd^2$。

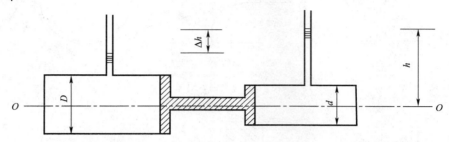

图 2-28 【例题 2-7】图

解得：
$$\Delta h = 1.05 \text{m}$$

【例题 2-8】 如图 2-29 所示，一重量为 $G=19600\text{N}$ 的挡水闸门，用无摩擦的铰 O 联结在岸墩上，闸门宽 $b=8\text{m}$，$H=1\text{m}$，$\theta=30°$，为保持闸门的平衡，试计算闸门的长度 L。

解析：闸门在自重和静水总压力作用下处于平衡状态。静水总压力可采用图解法计算，首先绘制闸门上的压强分布图（三角形分布），压强分布图的面积乘以宽度为静水总压力，其作用点通过压强分布图的形心作用在闸门上；闸门重量已知，其重心位于形心点。由力矩方程解得未知量。

答案：静水压强分布图如图 2-30 所示，总压力的大小：
$$P = \frac{1}{2}\gamma H \cdot \frac{H}{\sin\theta}b = \gamma H^2 b$$

作用点距铰点：
$$e_P = \frac{H}{3\sin\theta}$$

重力：
$$G = 19600\text{N}$$

作用点距铰点：
$$e_G = \frac{L}{2}\cos\theta$$

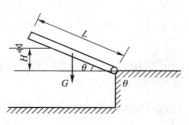

图 2-29 【例题 2-8】图

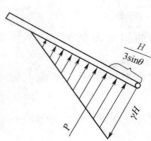

图 2-30 【例题 2-8】答案图

由力矩方程：

$$\sum M_O = 0$$

则有：

$$P \cdot \frac{H}{3\sin\theta} = 19600 \times \frac{L}{2}\cos\theta$$

解得：

$$L = \frac{2PH}{3\sin\theta\cos\theta G} = 6.16\text{m}$$

【例题 2-9】 如图 2-31 所示，闸门 AB 宽 1.2m，铰在 A 点，压力表 G 的读数为 -14700N/m^2，在右侧箱中装有油，其重度 $\gamma_0 = 8.33\text{kN/m}^3$，问在 B 点加多大的水平力才能使闸门 AB 平衡？

解析： 本题重点考查作用在矩形平面上液体总压力的计算，既可以采用图解法求解，也可以采用解析法求解。用图解法时，绘制的左侧压强分布图为梯形（分解为矩形加三角形），右侧为三角形，由于两侧为不同液体，故不能将三角形部分抵消。用解析法时，应特别注意 y_D 和 y_C 的计算，y_C 是形心点到自由液面（相对压强 $p = 0$）的距离，y_D 为压力中心到自由液面的距离，因此首先要找到相对压强 $p = 0$ 的水平面位置。

答案： 有以下两种解法：

(1) 图解法

如图 2-32a) 所示：

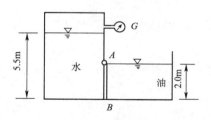

图 2-31 【例题 2-9】图

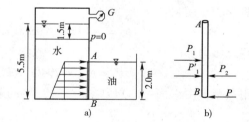

图 2-32 【例题 2-9】图解法答案图

左侧：

$$p_{A\text{左}} = -14700 + 9800 \times 3.5 = 19600\text{N/m}^2$$

$$p_{B\text{左}} = -14700 + 9800 \times 5.5 = 39200\text{N/m}^2$$

矩形：

$$P_1 = 19600 \times 2 \times 1.2 = 47.04\text{kN}$$

距 A 点：

$$l_1 = 1\text{m}$$

三角形：

$$P_1' = \frac{1}{2} \times (39200 - 19600) \times 2 \times 1.2 = 23.52\text{kN}$$

距 A 点：

$$l_2 = \frac{4}{3}\text{m}$$

右侧：
$$p_{A右} = 0$$
$$p_{B右} = 2 \times 8330 = 16660 \text{N/m}^2$$

右侧油压力：
$$P_2 = \frac{1}{2} \times 16660 \times 2 \times 1.2 = 19.992\text{kN}$$

距 A 点：
$$l_3 = \frac{4}{3}\text{m}$$

如图 2-32b)所示，由力矩方程：
$$\sum M_A = 0, 47.04 \times 1 + 23.52 \times \frac{4}{3} = 19.992 \times \frac{4}{3} + P \times 2$$

解得：
$$P = 25.87\text{kN}$$

(2) 解析法

首先找出左侧相对压强 $p=0$ 的面（自由液面），设该平面到液面的距离为 y，则：
$$-14700 + \gamma y = 0, y = 1.5\text{m}$$

左侧形心点压强：
$$p_C = -14700 + 9800 \times 4.5 = 29400 \text{N/m}^2$$

左侧总压力：
$$P_1 = p_C \omega = 29400 \times 1.2 \times 2 = 70.56\text{kN}$$

作用点至自由液面（相对压强 $p=0$ 的面）的距离：
$$y_D = y_C + \frac{J_C}{y_C \omega} = 3 + \frac{\frac{1}{12} \times 1.2 \times 2^3}{3 \times 1.2 \times 2} = 3.11\text{m}$$

作用点至 A 点：
$$l_1 = 3.11 - 2 = 1.11\text{m}$$

右侧形心点压强：
$$p_C = 8330 \times 1 = 8330 \text{N/m}^2$$

右侧总压力：
$$P_2 = 8330 \times 1.2 \times 2 = 19.992\text{kN}$$

作用点至液面的距离：
$$y_D = y_C + \frac{J_C}{y_C \omega} = 1 + \frac{\frac{1}{12} \times 1.2 \times 2^3}{1 \times 1.2 \times 2} = 1.33\text{m}$$

右侧液面与 A 点齐平，作用点至 A 点：
$$l_2 = 1.33\text{m}$$

如图 2-33 所示,由力矩方程:
$$\sum M_A = 0, 70.56 \times 1.11 = 19.992 \times 1.33 + P \times 2$$

解得:
$$P = 25.87\text{kN}$$

【例 2-10】 如图 2-34 所示,一底边水平的等边三角形位于铅直面内,其一侧挡水。用水平线将该三角形分成静水总压力相等的两部分,即 ω_1 上的静水总力等于 ω_2 上的静水总压力,试问此时 h' 与 h 的关系如何?

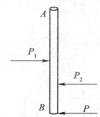

图 2-33 【例题 2-9】解析法答案图   图 2-34 【例题 2-10】图

解析: 水平划分线将等边三角形划分为上部等腰三角形和下部的等腰梯形,对于三角形和梯形,均需采用解析法求解静水总压力大小,但由于梯形形心的位置较难确定,故本题的解题技巧在于分别求出上部等腰三角形的静水总压力和原等边三角形的静水总压力,再找寻它们之间的关系。

答案: 原等边三角形上的静水总压力:
$$P_{总} = \frac{1}{2}bh \times \frac{2}{3}h\gamma$$

上部等腰三角形上的静水总压力:
$$P_1 = \frac{1}{2}b'h' \times \frac{2}{3}h'\gamma$$

由题意:
$$P_{总} = 2P_1 \text{ 即 } bh^2 = 2b'h'^2$$

根据相似三角形的比例关系:
$$\frac{h'}{h} = \frac{b'}{b} \text{ 即 } b' = \frac{h'}{h}b$$

带入上式得:
$$bh^2 = 2\left(\frac{h'}{h}b\right) \cdot h'^2$$

整理得:
$$h' = \frac{h}{\sqrt[3]{2}}$$

【例 2-11】 如图 2-35 所示一封闭水箱,下端有一个 1/4 圆弧的钢板 AB,钢板宽 $b = 1\text{m}$,半径 $R = 1\text{m}$,$h_1 = 2\text{m}$,$h_2 = 3\text{m}$。求 AB 上静水总压力的水平分力 P_x 和垂直分力 P_z。

解析: 本题主要考查曲面上静水总压力的水平分力和垂直分力计算中用到的自由液面

(相对压强 $p=0$)的概念。在解题过程中容器内的水深 h_1 这个已知条件用不上。h_2 为自由液面对应的水深。

答案：AB 曲面在铅垂面上的投影面积 $\omega_x=1\text{m}\times1\text{m}$，投影面形心距自由液面 $h_C=h_2-\dfrac{R}{2}$，因此：

$$P_x=\gamma h_C\omega_x=9800\times\left(h_2-\dfrac{R}{2}\right)\times1\times1=24.5\text{kN}$$

方向向左。

AB 曲面的压力体如图 2-36 所示，垂直分力：

$$P_z=\gamma V=\left(Rh_2\times1-\dfrac{1}{4}\pi R^2\times1\right)\times9.8=21.7\text{kN}$$

方向向上。

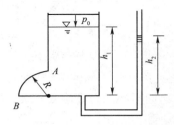 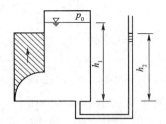

图 2-35　【例题 2-11】图　　　　图 2-36　【例题 2-11】答案图

【例题 2-12】　如图 2-37 所示容器中充满重度为 $0.8\times9800\text{N/m}^3$ 的油。在容器上部有一半球曲面，计算该曲面上所受的液体总压力的垂直分力 P_z。

解析：本题重点考查作用在半球面上垂直分力 P_z 的计算，同时涉及利用等压面求压强的方法。由于半球面作用的压力体体积与 H 有关，应首先由 U 形水银测压计得到 A 点压强，再由流体静压强计算公式得到 H。半球面上压力体的绘制原则与二向曲面相同，P_z 的大小等于压力体的重量。

答案：半球面上的压力体如图 2-38 所示。

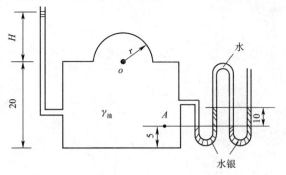 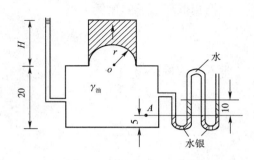

图 2-37　【例题 2-12】图(尺寸单位:cm)　　　图 2-38　【例题 2-12】答案图(尺寸单位:cm)

由等压面原理：

$$p_A=0.1\gamma_m\times2-\gamma\times0.1=0.2\gamma_m-0.1\gamma$$

o 点压强：

$$p_o = p_A - 0.15\gamma_{油} = 0.2\gamma_m - 0.1\gamma - 0.15\gamma_{油} = \gamma_{油} H$$

解得：
$$H = 3.125\text{m}$$

所以：
$$P_z = \left(\pi r^2 H - \frac{2}{3}\pi r^3\right)\gamma_{油} = 7531\text{N} \uparrow$$

【例 2-13】 如图 2-39 所示为盛水的球体，已知直径 $D = 2\text{m}$，$H = 1\text{m}$，求作用于螺栓上的力。

解析：本题求解的关键是选取分析对象，将螺栓受的力以外力的形式呈现出来。螺栓受的力与作用在曲面上的垂直分力平衡。

答案：以上半球面作为分析对象，受力情况如图 2-40 所示，设每个螺栓受的拉力为 T，则 n 个螺栓的总拉力为 nT；作用在上半球面上的静水总压力的垂直分力为：

$$P_z = \gamma \frac{1}{4}\pi D^2 \left(\frac{D}{2} + H\right) - \gamma \frac{2}{3}\pi \left(\frac{D}{2}\right)^3 = \gamma \frac{1}{4}\pi D^2 H + \gamma \frac{1}{24}\pi D^3$$

由力的平衡条件：
$$nT = \gamma \frac{1}{4}\pi D^2 H + \gamma \frac{1}{24}\pi D^3$$

解得：
$$nT = 41.03\text{kN}$$

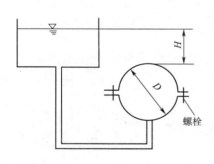

图 2-39 【例题 2-13】图

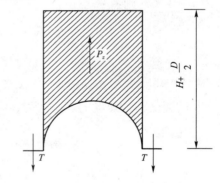

图 2-40 【例题 2-13】答案图

第三章 流体动力学理论基础

第一节 重点内容

一、描述流体运动的两种方法

1. 拉格朗日法

无论是平衡还是运动的流体,都是由流体质点组成的。拉格朗日法的实质就是以流体质点作为研究对象,研究每个质点所具有的运动要素(如速度、加速度、压强等)随时间的变化规律。质点运动的轨迹线称为迹线。

拉格朗日法以起始时刻的坐标区别质点,不同质点有不同的起始坐标,而每一质点的起始坐标不随时间变化。

对于某一质点,若起始坐标为 (a,b,c),t 时刻的运动坐标为 (x,y,z),如图 3-1 所示,则有:

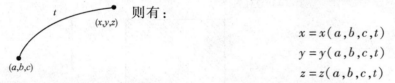

$$x = x(a,b,c,t)$$
$$y = y(a,b,c,t)$$
$$z = z(a,b,c,t)$$

图 3-1 质点运动示意图　　式中:a、b、c、t——拉格朗日变量。

质点运动的速度和加速度的表达式为:

$$u_x = \frac{\partial x}{\partial t}, u_y = \frac{\partial y}{\partial t}, u_z = \frac{\partial z}{\partial t} \tag{3-1}$$

$$a_x = \frac{\partial^2 x}{\partial t^2}, a_y = \frac{\partial^2 y}{\partial t^2}, a_z = \frac{\partial^2 z}{\partial t^2} \tag{3-2}$$

2. 欧拉法

欧拉法的实质是研究流场中某些固定空间点上的运动要素随时间的变化规律,而不直接追究某一质点在某时刻的位置及其运动状况。

若某一质点在 t 时刻占据的空间坐标为 (x,y,z),则其运动要素可表示为:

$$u_x = u_x(x,y,z,t), u_y = u_y(x,y,z,t), u_z = u_z(x,y,z,t), p = (x,y,z,t)$$

式中:x、y、z、t——欧拉变量。

由于运动质点在不同时刻占据不同的空间点,因此空间坐标 (x,y,z) 也是时间 t 的函数,由复合函数求导得到加速度的表达式:

$$a_x = \frac{\partial u_x}{\partial t} + u_x\frac{\partial u_x}{\partial x} + u_y\frac{\partial u_x}{\partial y} + u_z\frac{\partial u_x}{\partial z}$$
$$a_y = \frac{\partial u_y}{\partial t} + u_x\frac{\partial u_y}{\partial x} + u_y\frac{\partial u_y}{\partial y} + u_z\frac{\partial u_y}{\partial z} \quad (3\text{-}3)$$
$$a_z = \frac{\partial u_z}{\partial t} + u_x\frac{\partial u_z}{\partial x} + u_y\frac{\partial u_z}{\partial y} + u_z\frac{\partial u_z}{\partial z}$$

式(3-3)中,等号右边第一项是速度相对于时间的变化率,称为当地加速度;后三项之和是速度相对于位移的变化率,称为迁移加速度。

二、欧拉法几个基本概念

1. 恒定流与非恒定流

流体运动可分为恒定流与非恒定流。若流场中所有空间点上的一切运动要素都不随时间变化,这种流动称为恒定流,否则就称为非恒定流。例如,图 3-2 中水箱里的水位不恒定时,流场中各点的流速与压强等运动要素随时间而变化,这样的流动就是非恒定流;若设法使箱内水位保持恒定,则流体的运动就称为恒定流。

恒定流中一切运动要素只是坐标 x、y、z 的函数,而与时间 t 无关,因而恒定流中有:

$$\frac{\partial u_x}{\partial t} = \frac{\partial u_y}{\partial t} = \frac{\partial u_z}{\partial t} = \frac{\partial p}{\partial t} = 0 \quad (3\text{-}4)$$

即恒定流中当地加速度等于零(但迁移加速度可以不等于零)。

恒定流与非恒定流相比较,欧拉变量中少了一个时间变量 t,因而问题要简单得多。在实际工程中不少非恒定流问题的运动要素非常缓慢地随时间变化,或者是在一段时间内运动要素的平均值几乎不变,此时可近似地把这种流动作为恒定流来处理。本章只研究恒定流。

2. 迹线与流线

迹线是流体质点走过的轨迹线。

流线是某一时刻在流场中绘制的一条曲线(或直线),在该线上各点的速度向量都与该线相切,如图 3-3 所示。在运动流体的整个空间可绘出一系列流线,称为流线簇。流线簇构成的流线图称为流谱。

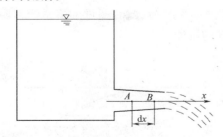

图 3-2 恒定流与非恒定流

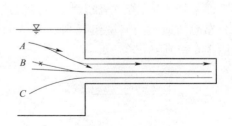

图 3-3 流线示意图

(1)流线的特性

在恒定流中,因运动要素不随时间变化,所以流线的形状和位置不随时间变化;在恒定流中,流线与迹线重合;流线之间不能相交或转折。

图 3-4　微小位移与速度矢量重合

(2) 流线方程

如果在流线上任取一点 A，$\vec{ds}$ 为过 A 点的流线上一微小位移，$\vec{u}$ 为该点处的速度矢量，如图 3-4 所示，因两者重合，故流线方程应满足：

$$\vec{ds} \times \vec{u} = 0$$

在直角坐标系中可表示为：

$$\begin{vmatrix} i & j & k \\ dx & dy & dz \\ u_x & u_y & u_z \end{vmatrix} = 0$$

式中：i、j、k——x、y、z 三方向的单位矢量；

dx、dy、dz——$\vec{ds}$ 在三个坐标轴上的投影；

u_x、u_y、u_z——$\vec{u}$ 在三个坐标轴上的投影。

展开后得到流线的微分方程为：

$$\frac{dx}{u_x} = \frac{dy}{u_y} = \frac{dz}{u_z} \tag{3-5}$$

式(3-5)既适用于恒定流，也适用于非恒定流。

3. 流体动力学几个常用名词

① 流管：由流线组成侧面而构成的管状物。

② 元流(微小流束)：流管中充满的流体。因元流的过流断面积很小，可认为断面上各点运动要素相等。

③ 总流：由无数多个元流组成的、有一定大小尺寸的实际流体。

④ 过流断面：与元流或总流的流线正交的横断面(形状为平面或曲面)。

⑤ 流量：单位时间通过某一过流断面的流体体积。用符号 Q 表示。

如图 3-5 所示，元流流量：

$$dQ = \frac{u dt d\omega}{dt} = u d\omega$$

总流流量：

$$Q = \int dQ = \int_\omega u d\omega \tag{3-6}$$

⑥ 断面平均流速：若过流断面上各点流速都相等(等于 v)，此时通过的流量与实际流速为不均匀分布时所通过的流量相等，则 v 称为断面平均流速。

由图 3-6 得到：

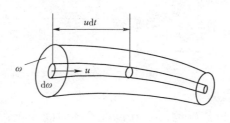

图 3-5　流量计算示意图

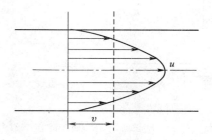

图 3-6　断面平均流速计算示意图

$$Q = \int_\omega u\mathrm{d}\omega = \int_\omega v\mathrm{d}\omega = v\omega$$
$$v = \frac{Q}{\omega} \tag{3-7}$$

4. 均匀流与非均匀流

(1) 均匀流定义

当运动流体的流线为相互平行的直线时,该流动称为均匀流。

(2) 均匀流的特征

均匀流过流断面为平面,且形状、尺寸均沿程不变;同一流线上各点流速相等,各过流断面流速分布相同,断面平均流速 v 相等;均匀流同一过流断面上各点的动压强分布规律与静压分布规律相同,即在同一过流断面上,$z + \frac{p}{\gamma} = C$。

如图3-7所示,沿 $n-n$ 方向取一高为 $\mathrm{d}n$、底面积为 $\mathrm{d}\omega$ 的微分柱体,分析其沿 $n-n$ 方向的受力。上、下底面的压力分别为:$(p+\mathrm{d}p)\mathrm{d}\omega$ 和 $p\mathrm{d}\omega$,重力沿 $n-n$ 方向的分力为 $\gamma\mathrm{d}\omega\mathrm{d}n\cos\alpha = \gamma\mathrm{d}\omega\mathrm{d}z$,由平衡条件:
$$p\mathrm{d}\omega - (p+\mathrm{d}p)\mathrm{d}\omega - \gamma\mathrm{d}\omega\mathrm{d}z = 0$$
即:
$$z + \frac{p}{\gamma} = C$$

应指出,上式只适用于有固体边界约束的同一过流断面。

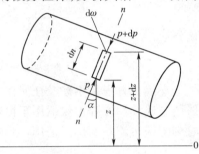

图3-7 微分柱体受力分析示意图

(3) 非均匀流

若运动流体的流线不是相互平行的直线称为非均匀流。若流线为近似平行的直线称为渐变流,渐变流同一过流断面上近似满足 $z + \frac{p}{\gamma} = C$;若流线的不平行程度或弯曲程度很大,称为急变流,对于急变流的同一过流断面,$z + \frac{p}{\gamma} \neq C$。

5. 一元流、二元流、三元流

若流场中任一点的运动要素与三个空间位置变量有关,这种流动称为三元流;运动要素与两个空间位置变量有关称为二元流;运动要素与一个空间位置变量有关称为一元流。元流以及引入断面平均流速后的总流均为一元流。

三、恒定一元流的连续性方程

如图3-8所示,在总流中任取一束元流。恒定流时满足:元流的形状和位置不随时间变化;流线不能相交,即无流体经元流侧面流进或流出;流体为连续介质无空隙。根据质量守恒原理,单位时间流进 $\mathrm{d}\omega_1$ 的质量等于流出 $\mathrm{d}\omega_2$ 的质量,即:
$$\rho_1 u_1 \mathrm{d}\omega_1 = \rho_2 u_2 \mathrm{d}\omega_2 = 常数$$

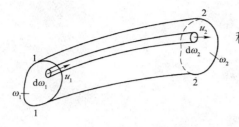

图 3-8 连续性方程推导示意图

对于不可压缩流体：$\rho_1 = \rho_2$，则元流的连续性方程为：

$$dQ = u_1 d\omega_1 = u_2 d\omega_2 = 常数 \tag{3-8}$$

式(3-8)积分可得总流的连续性方程：

$$Q = v_1 \omega_1 = v_2 \omega_2 = 常数 \tag{3-9}$$

对于图 3-9 所示的分叉管路，连续性方程为：

$$Q_1 = Q_2 + Q_3$$

对于图 3-10 所示的汇合管路，连续性方程为：

$$Q_1 + Q_2 = Q_3$$

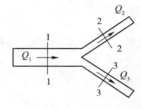

图 3-9 分叉管路

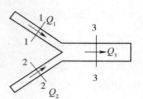

图 3-10 汇合管路

连续性方程是不涉及任何作用力的运动学方程，所以，它无论对于理想流体或实际流体都适用。连续性方程不仅适用于恒定流条件，在边界固定的流动中，即使是非恒定流，对于同一时刻的两过流断面仍然适用。当然，非恒定流的流速与流量随时间变化。

四、理想流体及实际流体恒定元流的能量方程

1. 理想流体恒定元流的能量方程

理想流体恒定元流的能量方程可以用动能定理推导，即动能的增量等于各力做功的代数和。

在理想流体恒定流中任取一束元流，如图 3-11 所示。经过 dt 时间，所取流段从 1-2 位置变形运动到 1′-2′ 位置。根据质量守恒原理，2-2′ 段与 1-1′ 段的质量同为 dM。

$$dM = \rho u_1 dt d\omega_1 = \rho u_2 dt d\omega_2 = \rho dQ dt$$

（1）动能增量 dE_u

因为恒定流时公共部分 1′-2 段的形状与位置及其各点流速不随时间变化，因而其动能也不随时间变化。元流从 1-2 位置运动到 1′-2′ 位置，其动能增量 dE_u 等于 2-2′ 段动能与 1-1′ 段动能之差。

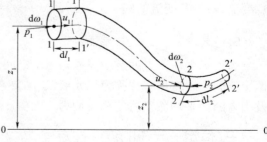

图 3-11 能量方程推导示意图

$$dE_u = dM \frac{u_2^2}{2} - dM \frac{u_1^2}{2} = dM\left(\frac{u_2^2}{2} - \frac{u_1^2}{2}\right) = \rho dQ dt \left(\frac{u_2^2}{2} - \frac{u_1^2}{2}\right) = \gamma dQ dt \left(\frac{u_2^2}{2g} - \frac{u_1^2}{2g}\right)$$

（2）重力做功 dA_G

恒定流时公共部分 1'-2 段的形状与位置不随时间改变,重力对它不做功。所以,元流从 1-2 位置运动到 1'-2' 位置重力做功 dA_G 等于 1-1' 段流体运动到 2-2' 位置时重力所做的功,即:

$$dA_G = dM_g(z_1 - z_2) = \rho g dQ dt(z_1 - z_2) = \gamma dQ dt(z_1 - z_2)$$

(3)压力做功 dA_p

元流从 1-2 位置运动到 1'-2' 位置时,作用在 1-1 断面上的流体压力 $p_1 d\omega_1$ 与运动方向相同,做正功;作用在 2-2 断面上的流体压力 $p_2 d\omega_2$ 与运动方向相反,做负功;而作用在元流侧面上的流体动压强与运动方向垂直,不做功。于是:

$$dA_p = p_1 d\omega_1 dl_1 - p_2 d\omega_2 dl_2 = p_1 d\omega_1 u_1 dt - p_2 d\omega_2 u_2 dt = dQ dt(p_1 - p_2)$$

根据动能定理:

$$dE_u = dA_G + dA_p$$

将各项代入,得:

$$\gamma dQ dt \left(\frac{u_2^2}{2g} - \frac{u_1^2}{2g} \right) = \gamma dQ dt(z_1 - z_2) + dQ dt(p_1 - p_2)$$

消去 $\gamma dQ dt$ 并整理得:

$$z_1 + \frac{p_1}{\gamma} + \frac{u_1^2}{2g} = z_2 + \frac{p_2}{\gamma} + \frac{u_2^2}{2g} \tag{3-10}$$

式(3-10)即理想流体恒定元流的能量方程式,又称为元流的伯诺里方程。由于元流的过流断面积无限小,流线是元流的极限状态,所以式(3-10)同样适用于同一流线上的任意两点。

2. 理想流体恒定元流能量方程的物理意义与几何意义

(1)物理意义

z 表示单位重量流体所具有的位能(重力势能);$\frac{p}{\gamma}$ 表示单位重量流体所具有的压能(压强势能);$\frac{u^2}{2g}$ 表示单位重量流体所具有的动能;$z + \frac{p}{\gamma}$ 表示单位重量流体所具有的势能;$z + \frac{p}{\gamma} + \frac{u^2}{2g}$ 表示单位重量流体所具有的机械能。

理想流体恒定元流能量方程表明:对于不可压缩理想流体的恒定元流(或沿同一流线),单位重量流体所具有的机械能守恒。

(2)几何意义

z 表示位置水头;$\frac{p}{\gamma}$ 表示压强水头(p 为相对压强时为测压管高度);$\frac{u^2}{2g}$ 表示速度水头;$z + \frac{p}{\gamma}$ 表示测压管水头;$z + \frac{p}{\gamma} + \frac{u^2}{2g}$ 表示总水头。

(3)毕托管

实际工程中流体的点流速可利用下面装置实测。如图 3-12 所示的水管,A 点为量测点,压强为 p,流速为 u。在 A 点安装测压管后,测压管高度为 $\frac{p}{\gamma}$,A

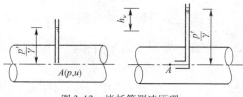

图 3-12 毕托管测速原理

点总水头为 $z + \dfrac{p}{\gamma} + \dfrac{u^2}{2g}$；在 A 点装测速管（弯成直角的两端开口的细管）后，由于受弯管阻挡，A 点成为驻点，全部动能转化为压能，则测速管中的液面高度为 $\dfrac{p'}{\gamma}$，总水头为 $z + \dfrac{p'}{\gamma}$，因此：

$$\frac{p}{\gamma} + \frac{u^2}{2g} = \frac{p'}{\gamma}$$

$$u = \sqrt{2g\left(\frac{p'-p}{\gamma}\right)} = \sqrt{2gh_u}$$

修正后：

$$u = \zeta\sqrt{2gh_u}$$

式中：ζ——毕托管的修正系数，由实验确定，通常很接近于 1。

3. 实际流体恒定元流的能量方程

由于实际流体存在着黏滞性，在流动过程中，要消耗一部分能量用于克服摩擦力做功，流体的机械能沿流程减少，即存在着能量损失。若单位重量流体从 1-1 断面流至 2-2 断面所损失的能量为 h'_w，则有：

$$z_1 + \frac{p_1}{\gamma} + \frac{u_1^2}{2g} = z_2 + \frac{p_2}{\gamma} + \frac{u_2^2}{2g} + h'_w \tag{3-11}$$

式(3-11)就是不可压缩实际流体恒定元流（微小流束）的能量方程式。

五、实际流体恒定总流的能量方程

1. 方程式的推导

单位时间通过元流过流断面的全部流体的能量关系为：

$$\left(z_1 + \frac{p_1}{\gamma} + \frac{u_1^2}{2g}\right)\gamma \mathrm{d}Q = \left(z_2 + \frac{p_2}{\gamma} + \frac{u_2^2}{2g}\right)\gamma \mathrm{d}Q + h'_w \gamma \mathrm{d}Q$$

即：

$$\int_{\omega_1}\left(z_1 + \frac{p_1}{\gamma} + \frac{u_1^2}{2g}\right)\gamma u_1 \mathrm{d}\omega_1 = \int_{\omega_2}\left(z_2 + \frac{p_2}{\gamma} + \frac{u_2^2}{2g}\right)\gamma u_2 \mathrm{d}\omega_2 + \int_Q h'_w \gamma \mathrm{d}Q$$

可写成：

$$\gamma\int_{\omega_1}\left(z_1 + \frac{p_1}{\gamma}\right)u_1 \mathrm{d}\omega_1 + \gamma\int_{\omega_1}\frac{u_1^3}{2g}\mathrm{d}\omega_1 = \gamma\int_{\omega_2}\left(z_2 + \frac{p_2}{\gamma}\right)u_2 \mathrm{d}\omega_2 + \gamma\int_{\omega_2}\frac{u_2^3}{2g}\mathrm{d}\omega_2 + \gamma\int_Q h'_w \mathrm{d}Q$$

$$\tag{3-12}$$

上式包括三种类型的积分，计算如下：

① 第一类积分为 $\gamma\int_{\omega}\left(z + \dfrac{p}{\gamma}\right)u\mathrm{d}\omega$，对于均匀流或渐变流：

$$\gamma\int_{\omega}\left(z + \frac{p}{\gamma}\right)u\mathrm{d}\omega = \gamma\left(z + \frac{p}{\gamma}\right)\int_{\omega}u\mathrm{d}\omega = \left(z + \frac{p}{\gamma}\right)\gamma Q \tag{3-13}$$

②第二类积分为 $\gamma\int_\omega \frac{u^3}{2g}\mathrm{d}\omega$，它是单位时间内通过总流过流断面的流体动能的总和。由于流速 u 在总流过流断面上的分布一般难以确定，可采用断面平均流速 v 来代替 u，并令：

$$\alpha = \frac{\int_\omega u^3 \mathrm{d}\omega}{v^3 \omega} \tag{3-14}$$

则有：

$$\gamma\int_\omega \frac{u^3}{2g}\mathrm{d}\omega = \frac{\gamma}{2g}\alpha v^3 \omega = \frac{\alpha v^2}{2g}\gamma Q \tag{3-15}$$

式(3-14)中的 α 称为动能修正系数，表示过流断面的实际动能与按断面平均流速计算的动能的比值，一般取 $\alpha=1.0$。

③第三类积分为 $\int_Q h_w' \gamma \mathrm{d}Q$，假定各个元流单位重量流体所损失的能量 h_w' 都等于某一个平均值 h_w（称为总流的水头损失或平均机械能损失），则第三类积分为：

$$\int_Q h_w' \gamma \mathrm{d}Q = \gamma h_w \int_Q \mathrm{d}Q = h_w \gamma Q \tag{3-16}$$

将式(3-13)、式(3-15)与式(3-16)代入式(3-12)，注意到 $Q_1=Q_2=Q$，再两边除以 γQ，得到：

$$z_1 + \frac{p_1}{\gamma} + \frac{\alpha_1 v_1^2}{2g} = z_2 + \frac{p_2}{\gamma} + \frac{\alpha_2 v_2^2}{2g} + h_w \tag{3-17}$$

式(3-17)即不可压缩实际流体恒定总流的能量方程（伯努利方程）。

2. 总流能量方程各项的物理意义和几何意义

(1) 物理意义

z 表示总流过流断面上某点处单位重量流体所具有的位能；$\frac{p}{\gamma}$ 表示对应点处单位重量流体所具有的压能；$\frac{\alpha v^2}{2g}$ 为过流断面上单位重量流体所具有的平均动能；$z+\frac{p}{\gamma}$ 表示单位重量流体所具有的势能；$z+\frac{p}{\gamma}+\frac{\alpha v^2}{2g}$ 表示单位重量流体所具有的机械能；h_w 表示单位重量流体的平均机械能损失。

(2) 几何意义

z 表示过流断面上某点处的位置水头；$\frac{p}{\gamma}$ 表示对应点处的压强水头；$\frac{\alpha v^2}{2g}$ 表示平均流速水头；当 p 为相对压强时，$z+\frac{p}{\gamma}$ 称为测压管水头；$z+\frac{p}{\gamma}+\frac{\alpha v^2}{2g}$ 为总水头；h_w 称为总流的水头损失。

3. 应用能量方程式应用条件及注意事项

(1) 应用条件

①运动流体必须是恒定流。
②作用在流体上的质量力只有重力。

③所选取的两个过流断面应符合均匀流或渐变流条件,两断面之间的流体可以不是渐变流。

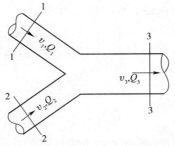

图 3-13 有流量汇入的过流断面选取

④当两断面之间有流量集中汇入或分出时,可分别对每一支建立能量方程。如图 3-13 所示,1-1 断面和 3-3 断面、2-2 断面和 3-3 断面可以建立能量方程,但是,1-1 断面和 2-2 断面不能建立能量方程。

⑤当两断面之间有能量输入或输出时(图 3-14),方程为:

$$z_1 + \frac{p_1}{\gamma} + \frac{\alpha_1 v_1^2}{2g} \pm H_t = z_2 + \frac{p_2}{\gamma} + \frac{\alpha_2 v_2^2}{2g} + h_w \qquad (3\text{-}18)$$

式中:H_t——外加设备对流体做功(正功或负功)使单位重量流体增加或减小的那一部分机械能。若外加设备对流体做正功,机械能增加,H_t 前用"+"号,否则用"-"号。对于水泵系统,H_t 即为水泵的扬程。

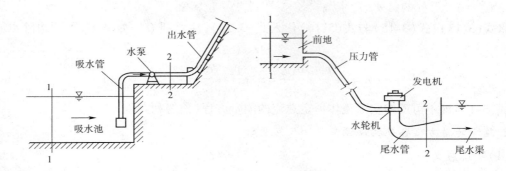

图 3-14 外加设备对流体做功工程实例

(2)注意事项

①计算断面应选在已知参数较多的断面,并使方程含有所求的未知量。图 3-15 中 1-1 断面和 2-2 断面为已知参数较多的断面,上游液面与出口断面的压强为大气压强。

②基准面可以任意选取,但方程两边应选取同一基准面。

③方程中的 $\dfrac{p}{\gamma}$ 项可以用相对压强,也可以用绝对压强,方程中需用同一标准。

④计算 $\left(z + \dfrac{p}{\gamma}\right)$ 时,可以选取断面上的任意点作为计算点,对于管道一般选在管轴中心,对于明渠一般选在自由液面上。

⑤计算时通常取 $\alpha_1 = \alpha_2 = 1$。

(3)解题步骤

①选计算断面,并在计算断面上确定计算点。

②选基准面。

③建立方程,求未知量。

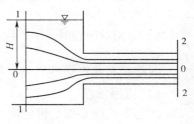

图 3-15 计算断面选取

六、总水头线和测压管水头线的绘制

1. 绘制原则

以水头为纵坐标按比例沿流程分别将各断面的 z、$\dfrac{p}{\gamma}$、$\dfrac{\alpha v^2}{2g}$ 绘于图上,$z+\dfrac{p}{\gamma}$ 的连线为测压管水头线,$z+\dfrac{p}{\gamma}+\dfrac{\alpha v^2}{2g}$ 的连线为总水头线,如图 3-16 所示。对于河渠中的渐变流,其测压管水头线就是水面线。

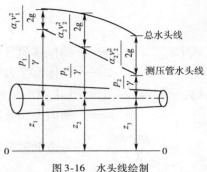

图 3-16　水头线绘制

2. 注意事项

① 总水头线只能沿程下降,因有水头损失。

② 测压管水头线可能沿程上升,也可能沿程下降,依据边界条件而定。

3. 水力坡度

总水头线沿流程的降低值与流程长度之比(或单位流程上的水头损失)称为水力坡度,用 J 表示。

① 当总水头线为直线时(图 3-17),各处水力坡度相等:

$$J=\dfrac{H_1-H_2}{l}=\dfrac{h_w}{l} \tag{3-19}$$

② 当总水头线为曲线时(图 3-18),某一断面处的水力坡度为:

$$J=\dfrac{\mathrm{d}h_w}{\mathrm{d}l}=-\dfrac{\mathrm{d}H}{\mathrm{d}l} \tag{3-20}$$

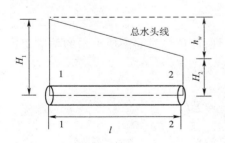

图 3-17　总水头线为直线

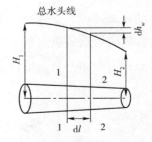

图 3-18　总水头线为曲线

七、恒定气流能量方程

由于气体的密度很小,水头概念不如液流明确具体,因此将式(3-17)各项乘以重度 γ 得到:

$$\gamma z_1 + p_{1abs} + \dfrac{\alpha_1 \rho v_1^2}{2} = \gamma z_2 + p_{2abs} + \dfrac{\alpha_2 \rho v_2^2}{2} + p_w \tag{3-21}$$

式中:p_w——两断面间的压强损失,$p_w = \gamma h_w$;

ρ——气体密度。

式(3-21)为绝对压强形式表示的恒定气流能量方程。

由于气体的重度与外界空气的重度是相同的数量级,在用相对压强进行计算时,必须考虑外界大气压在不同高程上的差值。

在实际工程中,一般要求计算相对压强,压强计测量的压强一般也为相对压强,以相对压强形式表示的恒定气流的能量方程为:

$$p_1 + \frac{\rho v_1^2}{2} + (\gamma_a - \gamma)(z_2 - z_1) = p_2 + \frac{\rho v_2^2}{2} + p_w \tag{3-22}$$

式中: $\gamma_a - \gamma$——单位体积气体所受有效浮力;

$z_2 - z_1$——气体沿浮力方向升高的距离;

$(\gamma_a - \gamma)(z_2 - z_1)$——1-1 断面相对于 2-2 断面单位体积气体的位能,称为位压;

p_1、p_2——断面 1 和断面 2 的相对压强,习惯上称为静压;

$\dfrac{\rho v_1^2}{2}$、$\dfrac{\rho v_2^2}{2}$——习惯上称为动压,它反映动能全部转化成压能对应的压强值;

p_w——1-1 断面至 2-2 断面间的压强损失。

当气流的密度和外界空气的密度相同,或两计算点的高度相同时,位压项为零,式(3-22)化简为:

$$p_1 + \frac{\rho v_1^2}{2} = p_2 + \frac{\rho v_2^2}{2} + p_w \tag{3-23}$$

式中静压与动压之和称为全压。

八、恒定总流动量方程

1. 方程式的建立

建立动量方程的依据是质点系的动量定理,即单位时间内质点系的动量变化,等于作用于该质点系上所有外力之和。若动量用 $\vec{K}$ 表示,则:

$$\frac{\Delta \vec{K}}{\Delta t} = \sum \vec{F}$$

或

$$\Delta \vec{K} = \sum \vec{F} \cdot \Delta t \tag{3-24}$$

如图 3-19 所示,1-2 段的总流经 Δt 时段后运动至 $1'$-$2'$ 位置,总流在 Δt 时段内动量的变化:

$$\Delta \vec{K} = \vec{K}_{1'\text{-}2'} - \vec{K}_{1\text{-}2} = (\vec{K}_{2\text{-}2'} + \vec{K}_{1'\text{-}2}) - (\vec{K}_{1\text{-}1'} + \vec{K}_{1'\text{-}2}) = \vec{K}_{2\text{-}2'} - \vec{K}_{1\text{-}1'}$$

其中:

$$\vec{K}_{1\text{-}1'} = \int_{\omega_1} \rho u_1 \Delta t \mathrm{d}\omega_1 \vec{u}_1 = \rho \Delta t \int_{\omega_1} \vec{u}_1 u_1 \mathrm{d}\omega_1 \tag{3-25}$$

$$\vec{K}_{2\text{-}2'} = \rho \Delta t \int_{\omega_2} \vec{u}_2 u_2 \mathrm{d}\omega_2 \tag{3-26}$$

令 $\beta = \dfrac{\int_\omega \vec{u} u \mathrm{d}\omega}{\vec{v} Q}$，称为动量修正系数，表示单位时间过流断面的实际动量与按断面平均流速计算的动量的比值，若过流断面为均匀流或渐变流断面，则流速 u 和断面平均流速 v 的方向相同或近似相同，因此 $\beta = \dfrac{\int_\omega u^2 \mathrm{d}\omega}{v^2 \omega}$。计算中通常取 $\beta = 1$。

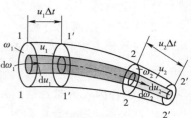

图3-19　动量方程推导示意图

引入动量修正系数的概念后，式(3-25)和式(3-26)可表示为：

$$\vec{K}_{1\text{-}1'} = \rho \Delta t \beta_1 \vec{v}_1 Q_1 \tag{3-27}$$

$$\vec{K}_{2\text{-}2'} = \rho \Delta t \beta_2 \vec{v}_2 Q_2 \tag{3-28}$$

恒定流时，$Q_1 = Q_2 = Q$，将式(3-27)、式(3-28)代入式(3-24)，得：

$$\Delta \vec{K} = \rho \Delta t \beta_2 \vec{v}_2 Q_2 - \rho \Delta t \beta_1 \vec{v}_1 Q_1 = \rho \Delta t Q (\beta_2 \vec{v}_2 - \beta_1 \vec{v}_1) = \sum \vec{F} \cdot \Delta t$$

整理得：

$$\rho Q (\beta_2 \vec{v}_2 - \beta_1 \vec{v}_1) = \sum \vec{F} \tag{3-29}$$

式(3-29)为动量方程的矢量表达式，它表明：单位时间内流段动量的改变量，等于作用于该流段上所有外力的矢量和。

2. 对方程式的理解

①方程的实质是牛顿第二定律 $F = ma$。

②当所研究的流段有多个断面由动量输入或输出时，方程式可表示为：

$$\sum (\rho Q \beta \vec{v})_{\text{流出}} - \sum (\rho Q \beta \vec{v})_{\text{流入}} = \sum \vec{F} \tag{3-30}$$

图3-20所示的流段，动量方程为：

$$\rho Q_2 \beta_2 \vec{v}_2 + \rho Q_3 \beta_3 \vec{v}_3 - \rho Q_1 \beta_1 \vec{v}_1 = \sum \vec{F}$$

3. 应用动量方程应注意的问题

①实际应用中，多用投影式方程。在直角坐标系中，式(3-29)的三个投影方程为：

$$\left. \begin{array}{l} \rho Q (\beta_2 v_{2x} - \beta_1 v_{1x}) = \sum F_x \\ \rho Q (\beta_2 v_{2y} - \beta_1 v_{1y}) = \sum F_y \\ \rho Q (\beta_2 v_{2z} - \beta_1 v_{1z}) = \sum F_z \end{array} \right\} \tag{3-31}$$

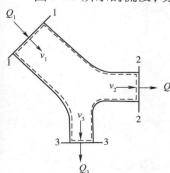

图3-20　建立动量方程的流段

②作用于流段上的外力包括：过流断面上的流体动压力；固体边界作用于流段上的力，该力常为未知力，应首先假定其方向；重力。

③过流断面应选在均匀流或渐变流断面。

④方程式左端必须是流出的动量减去流入的动量。

4. 解题步骤

①取隔离体,进行分析受力。隔离体通常是固体边界和渐变流过流断面包围的体积。
②建立坐标,写出方程。
③与其他方程联立解出未知量。

5. 应用举例

(1) 弯管内水流对管壁的作用力

铅直放置的输水弯管如图 3-21a) 所示,求 1-1 断面、2-2 断面之间的水流对管壁的作用力。

取图 3-21b) 所示的隔离体进行受力分析,并选取图中所示的坐标系,沿 x、z 向的动量方程分别为:

$$\rho Q(\beta_2 v_2 - \beta_1 v_1 \cos\theta) = p_1 \omega_1 \cos\theta - p_2 \omega_2 + R_x$$
$$0 - (-\rho Q \beta_1 v_1 \sin\theta) = -p_1 \omega_1 \sin\theta - G + R_z$$

式中,R_x、R_z 的合力为 R,R 为弯管内水流对管壁作用力的反作用力。

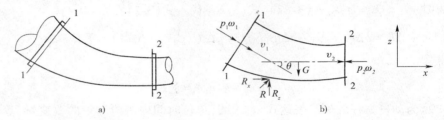

图 3-21 弯管内的水流

(2) 水流对溢流坝面的水平总作用力

图 3-22a) 所示的溢流坝,求 1-1 断面、2-2 断面之间的水体对坝面的水平总作用力。

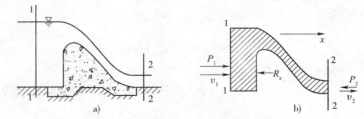

图 3-22 实际工程中的溢流坝

选取图 3-22b) 所示的隔离体,沿 x 方向的动量方程:

$$\rho Q(\beta_2 v_2 - \beta_1 v_1) = P_1 - P_2 - R_x$$

式中:R_x——水流对溢流坝面的水平总作用力的反作用力。

(3) 射流对垂直固定平面壁的冲击力

如图 3-23a) 所示,水流从管路出口直接冲击在垂直固定平面上,然后向四周均匀散开,0-0 为管路出口断面。

选取如图 3-23b) 所示的隔离体,射流对垂直

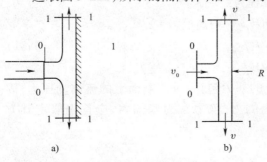

图 3-23 射流冲击垂直固定平面壁

固定平面壁的冲击力的反作用力用 R 表示,建立 x 方向的动量方程可求出 R:

$$\rho Q(O - \beta_0 v_0) = -R$$
$$R = \rho Q \beta_0 v_0$$

第二节 典型例题

【例3-1】 在图3-24所示渐变管流中的 a、b、c、d 四点,哪两点满足 $z_1 + \dfrac{p_1}{\gamma} = z_2 + \dfrac{p_2}{\gamma}$,为什么?哪两点满足元流的能量方程 $z_1 + \dfrac{p_1}{\gamma} + \dfrac{u_1^2}{2g} = z_2 + \dfrac{p_2}{\gamma} + \dfrac{u_2^2}{2g} + h'_w$,为什么?以哪两点为代表点可以建立总流的能量方程?

解析: 本题考查渐变流的重要特性以及元流能量方程、总流能量方程的应用条件。在渐变流同一过流断面上各点的测压管水头相等;元流能量方程适用于同一条流线上的任意两点;对于渐变流的两个过流断面,以断面上任一点作为代表点均可以写出总流的能量方程。

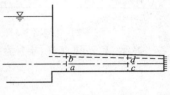

图3-24 【例题3-1】图

答案: a、b 两点在渐变流同一过流断面上,满足 $z_a + \dfrac{p_a}{\gamma} = z_b + \dfrac{p_b}{\gamma}$,同理,$z_c + \dfrac{p_c}{\gamma} = z_d + \dfrac{p_d}{\gamma}$;$b$、$d$ 在同一条流线上,满足元流能量方程的应用条件,即 $z_b + \dfrac{p_b}{\gamma} + \dfrac{u_b^2}{2g} = z_d + \dfrac{p_d}{\gamma} + \dfrac{u_d^2}{2g} + h'_w$,同理,$z_a + \dfrac{p_a}{\gamma} + \dfrac{u_a^2}{2g} = z_c + \dfrac{p_c}{\gamma} + \dfrac{u_c^2}{2g} + h'_w$;各点所在的断面均符合渐变流条件,因此以断面上的任一点作为计算点均可以写出总流的能量方程,即 $z_b + \dfrac{p_b}{\gamma} + \dfrac{\alpha_1 v_1^2}{2g} = z_d + \dfrac{p_d}{\gamma} + \dfrac{\alpha_2 v_2^2}{2g} + h_w$;$z_b + \dfrac{p_b}{\gamma} + \dfrac{\alpha_1 v_1^2}{2g} = z_c + \dfrac{p_c}{\gamma} + \dfrac{\alpha_2 v_2^2}{2g} + h_w$;$z_a + \dfrac{p_a}{\gamma} + \dfrac{\alpha_1 v_1^2}{2g} = z_c + \dfrac{p_c}{\gamma} + \dfrac{\alpha_2 v_2^2}{2g} + h_w$;$z_a + \dfrac{p_a}{\gamma} + \dfrac{\alpha_1 v_1^2}{2g} = z_d + \dfrac{p_d}{\gamma} + \dfrac{\alpha_2 v_2^2}{2g} + h_w$。

【例3-2】 如图3-25所示,直径 $d = 40\text{cm}$ 的输水直管中有恒定流通过,管轴线与水平线夹角 $\alpha = 45°$,$\Delta h = 50\text{cm}$,求管轴线上 A 点的压强。

解析: 本题主要考查均匀流同一过流断面上各点的动压强符合静压强分布规律这一重要特性,应首先计算 B 点压强,再由 $z_A + \dfrac{p_A}{\gamma} = z_B + \dfrac{p_B}{\gamma}$ 计算 A 点压强,注意计算 z_A、z_B 时应首先假定基准面。

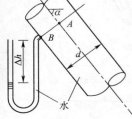

图3-25 【例题3-2】图

答案: $p_B = \gamma \cdot \Delta h = 9.8 \times 0.5 = 4.9\text{kPa}$

以 B 点所在水平面作为基准面,则:

$$z_B = 0,\ z_A = \dfrac{d}{2}\sin 45° = 0.2 \times \sin 45° = 0.141\text{m}$$

由 $z_A + \dfrac{p_A}{\gamma} = z_B + \dfrac{p_B}{\gamma}$,$\dfrac{p_A}{\gamma} + 0.141 = \dfrac{4.9}{\gamma}$

39

解得：
$$p_A = 3.52\text{kPa}$$

【例3-3】 如图3-26所示，直径 $d=150\text{mm}$ 的输水管中安装有带水银压差计的毕托管，已测得 $\Delta h = 20\text{mm}$，若断面平均流速 v 与管轴处流速 $u_{\max}$ 满足关系：$v = 0.84 u_{\max}$，求管中水的流量 Q（忽略水头损失）。

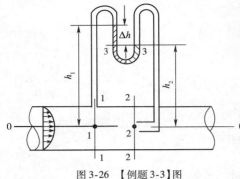

图3-26 【例题3-3】图

解析：对于均匀管流，由于1-1断面、2-2断面的断面平均流速相等，而水头损失又忽略不计，因此本题直接采用总流的能量方程不能得到答案。管轴上的1、2两点在同一条流线上，1点流速为 $u_{\max}$，2点为驻点（流速为零），建立1、2两点的元流能量方程可求出 $u_{\max}$，进一步可得到断面平均流速和流量。

答案：1、2两点在同一流线上，建立元流的能量方程：

$$0 + \frac{p_1}{\gamma} + \frac{u_{\max}^2}{2g} = \frac{p_2}{\gamma}$$

即：

$$u_{\max} = \sqrt{2g\left(\frac{p_2 - p_1}{\gamma}\right)}$$

由于1-1断面和2-2断面符合静压分布规律，可按静力学原理求压强。
图中3-3断面为等压面，则：

$$p_1 - \gamma h_1 + \gamma_m \Delta h = p_2 - \gamma h_2$$

整理得：

$$p_2 - p_1 = \gamma_m \Delta h - \gamma(h_1 - h_2) = \Delta h(\gamma_m - \gamma)$$

解得：

$$u_{\max} = \sqrt{2g\left(\frac{\gamma_m - \gamma}{\gamma}\right)\Delta h}$$

则：

$$v = 0.84 u_{\max} = 1.87 \text{m/s}$$

$$Q = v\omega = v \frac{1}{4}\pi d^2 = 0.033 \text{m}^3/\text{s}$$

【例3-4】 某U形水银差压计连接于变截面输水管路的直角弯管处，如图3-27所示，已知 $d_1 = 300\text{mm}$，$d_2 = 100\text{mm}$，当管中水的流量 $Q = 100\text{L/s}$ 时，试求压差计读数 Δh（不计水头损失）。

解析：1-1断面、2-2断面符合渐变流条件，可以建立总流的能量方程；借助水银差压计的等压面3-3，可以找到1-1断面和2-2断面压强之间的关系，从而解出未知量。

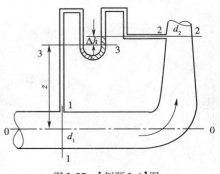

图3-27 【例题3-4】图

答案：选基准面 0-0，建立 1-1 断面和 2-2 断面的能量方程，计算点选在管轴中心，则：

$$0 + \frac{p_1}{\gamma} + \frac{\alpha_1 v_1^2}{2g} = z + \Delta h + \frac{p_2}{\gamma} + \frac{\alpha_2 v_2^2}{2g} + 0$$

其中：

$$v_1 = \frac{Q}{\frac{1}{4}\pi d_1^2} = 1.42 \text{m/s}$$

$$v_2 = \frac{Q}{\frac{1}{4}\pi d_2^2} = 12.47 \text{m/s}$$

1-1 断面、2-2 断面符合静压分布规律，由等压面 3-3 得到：

$$p_2 + \gamma_m \Delta h = p_1 - \gamma z$$

所以：

$$\frac{p_1}{\gamma} - z = \frac{p_2}{\gamma} + \left(\frac{\gamma_m}{\gamma}\right)\Delta h$$

代入能量方程：

$$\frac{p_2}{\gamma} + z + \frac{\gamma_m}{\gamma}\Delta h + \frac{\alpha_1 v_1^2}{2g} = z + \Delta h + \frac{p_2}{\gamma} + \frac{\alpha_2 v_2^2}{2g} + 0$$

整理得：

$$\left(\frac{\gamma_m}{\gamma} - 1\right)\Delta h = \frac{v_2^2 - v_1^2}{2g}$$

解得：

$$\Delta h = 0.649 \text{m}$$

【例 3-5】 一台水泵产生水头 $H = 50\text{m}$，吸水管直径 $d_1 = 150\text{mm}$，$h_{w1} = 5\frac{v_1^2}{2g}$，安装高程 $z_s = 2\text{m}$，压力水管 $d_2 = 100\text{mm}$，$h_{w2} = 12\frac{v_2^2}{2g}$，压力水管末端接一管嘴，管嘴出口直径 $d_3 = 75\text{mm}$，出口中心高出吸水池水面 30m，如图 3-28 所示。求：

（1）管嘴出口断面的平均速度。

（2）$B\text{-}B$ 断面处的压强。

解析：本题主要考查两断面之间有能量输入情况下能量方程的应用。1-1 断面和 3-3 断面分别位于水池和管路出口，属于已知参数较多的断面，建立 1-1 断面和 3-3 断面能量方程时，由于中间有能量输入，方程式左边应加上水泵产生的水头。

答案：

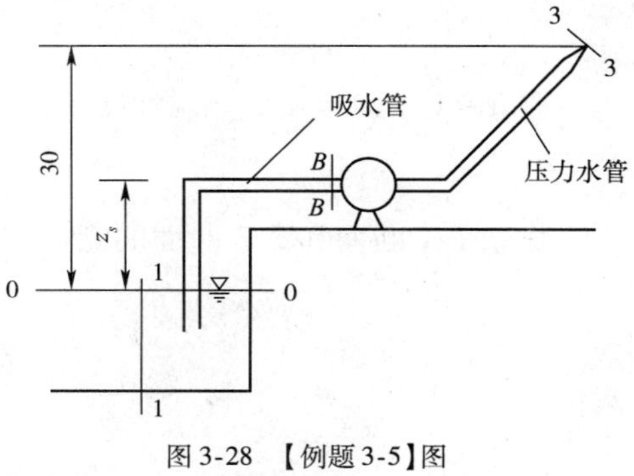

图 3-28 【例题 3-5】图

（1）以 0-0 为基准面，建立 1-1 断面和 3-3 断面的能量方程，1-1 断面的计算点选在水面上，3-3 断面的计算点选在管路出口中心，则：

$$H = 30 + \frac{\alpha_3 v_3^2}{2g} + h_{w1} + h_{w2}$$

由连续性方程:

$$v_1 \omega_1 = v_3 \omega_3, v_2 \omega_2 = v_3 \omega_3$$

得到:

$$v_1 = \left(\frac{d_3}{d_1}\right)^2 v_3, v_2 = \left(\frac{d_3}{d_2}\right)^2 v_3$$

代入能量方程解得:

$$v_3 = 8.76 \text{m/s}$$

(2) 以 0-0 为基准面,建立 1-1 断面和 B-B 断面的能量方程(中间无能量输入):

$$0 = z_s + \frac{p_B}{\gamma} + \frac{\alpha_1 v_1^2}{2g} + 5\frac{v_1^2}{2g}$$

解得:

$$\frac{p_B}{\gamma} = -3.47 \text{m}, \text{或} \ p_B = -34 \text{kPa}$$

【例 3-6】 图 3-29 所示为水平放置的水管自水池引水,已知 $H = 4\text{m}$,管径 $d = 20\text{cm}$,1-1 断面至 2-2 断面的能量损失 $h_{w1} = 0.5 \frac{v^2}{2g}$,2-2 断面至 3-3 断面的能量损失 $h_{w2} = 0.3 \frac{v^2}{2g}$,$v$ 为水管的断面平均流速,试求 2-2 断面至 3-3 断面之间管段所受的水平总作用力。

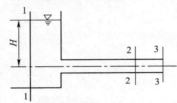

图 3-29 【例题 3-6】图

解析:本题重点考查能量方程、动量方程、水头损失与切应力的关系等重点内容的应用。解法有二:

(1) 由能量方程计算管中断面平均流速 v 及 2-2 断面处压强,再由动量方程求出 2-2 断面、3-3 断面之间的水平总作用力。

(2) 求出断面平均流速后,直接求解管壁切应力进而求出水平总作用力。

答案一:以管轴线为基准面,建立 1-1 断面和 3-3 断面的能量方程:

$$H = \frac{\alpha v^2}{2g} + (0.5 + 0.3)\frac{v^2}{2g}$$

取 $\alpha \approx 1$,则 $4 = 1.8 \frac{v^2}{2g}$,解得:

$$v = 6.6 \text{m/s}$$

建立 1-1 断面和 2-2 断面的能量方程求出 2-2 断面压强 p_2:

$$4 = \frac{p_2}{\gamma} + \frac{6.6^2}{2g} + 0.5 \times \frac{6.6^2}{2g}$$

解得:

$$\frac{p_2}{\gamma} = 4 - 1.5 \times \frac{6.6^2}{19.6} = 0.67 \text{m}$$

$$p_2 = 0.67 \times 9800 = 6566 \text{N/m}^2$$

取 2-2 断面、3-3 断面之间的水体为控制体,如图 3-30 所示,假设管壁对水体的作用力为 R_x。

沿 x 方向的动量方程:
$$\rho Q(\beta_3 v_3 - \beta_2 v_2) = p_2 \omega - R_x$$

因为 $v_3 = v_2 = v$,故 $R_x = p_2 \omega = 6566 \times \frac{1}{4} \times 3.14 \times 0.2^2 = 206\text{N}$

图 3-30 【例题 3-6】答案图

管壁所受的水平总作用力为 206N,方向与 R_x 相反。

答案二:由于直径不变管路中的水流为均匀流,在 2-2 断面、3-3 断面之间应用均匀流沿程水头损失与切应力的关系 $\tau_0 = \gamma R J$。

其中水力坡度:
$$J = \frac{h_{w2}}{l}(l \text{ 为 2-2 断面与 3-3 断面之间的管长})$$

水平总作用力:
$$T = \tau_0 \pi d l = \gamma R \frac{h_{w2}}{l} \pi d l = \gamma R h_{w2} \pi d$$

水力半径:
$$R = \frac{\omega}{\chi} = \frac{\frac{1}{4}\pi d^2}{\pi d} = \frac{d}{4}$$

即:
$$T = \gamma \frac{1}{4} \pi d^2 h_{w2} = 9800 \times \frac{1}{4} \times 3.14 \times 0.2^2 \times 0.3 \times \frac{6.6^2}{19.6} = 205.21\text{N}$$

【**例 3-7**】 如图 3-31 所示,有一股高为 $a = 50\text{mm}$、平均流速 $v = 18\text{m/s}$ 的单宽射流水股,冲击在一个边长为 1.2m 的光滑平板上,射流沿平板表面分成两股。已知平板与水流方向的夹角为 30°,平板 B 端为铰接,若忽略水流、空气和平板的磨阻,且流动在同一水平面上。求:

(1)流量分配 Q_1 和 Q_2。

(2)若射流冲击点位于平板的形心,且平板自重可忽略,问:A 端应施加多大的垂直力 P 才能使平板保持平衡?

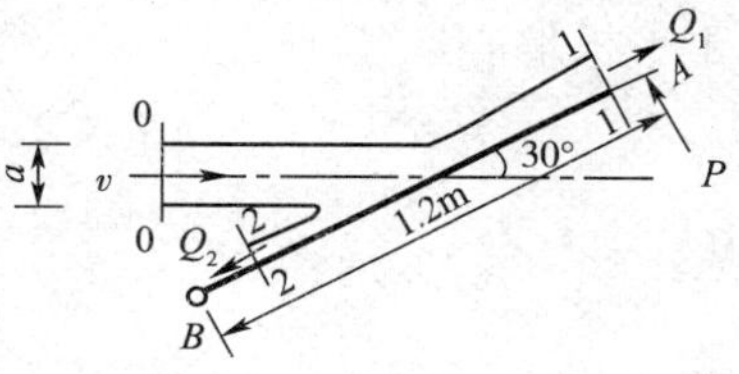

图 3-31 【例题 3-7】图

解析:本题涉及三大方程的联合应用,对于射流问题应首先想到应用动量方程,为使方程尽量简单,其中一坐标轴应与平板方向平行,另一坐标轴与垂直力 P 平行。动量方程与能量方程、连续性方程联立可以得到流量分配。最后应用力矩方程得到垂直力 P。

答案:取图 3-32a)所示的隔离体并确定坐标轴方向。

(1)沿 y 方向的动量方程
$$\rho Q_1 \beta_1 v_1 - \rho Q_2 \beta_2 v_2 - \rho Q \beta v \cos 30° = 0$$

即:
$$Q_1 v_1 - Q_2 v_2 = Q v \cos 30°$$

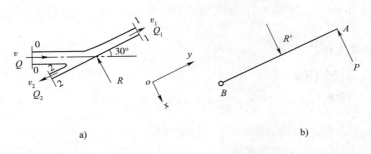

图 3-32 【例题 3-7】答案图

建立 0-0 断面和 1-1 断面、0-0 断面和 2-2 断面的能量方程,注意到 0-0 断面、1-1 断面、2-2 断面均暴露在大气中,其动水压力为零,同时流动在同一水平面上且水头损失忽略不计,则有:

$$v_1 = v_2 = v$$

代入 y 方向的动量方程,得到:

$$Q_1 - Q_2 = Q\cos 30°$$

上式与连续性方程 $Q_1 + Q_2 = Q$ 联立得到:

$$2Q_1 = (1 + \cos 30°)Q$$

其中:

$$Q = 0.05 \times 18 \times 1 = 0.9 \mathrm{m/s}$$

则:

$$Q_1 = 0.933Q = 0.84 \mathrm{m^3/s}, Q_2 = 0.067Q = 0.06 \mathrm{m^3/s}$$

(2)沿 x 方向的动量方程

$$0 - \rho Q \beta v \sin 30° = -R$$

解得:

$$R = 8100 \mathrm{N}$$

射流对平板的作用力 R' 与 R 大小相等、方向相反,作用点位于平板形心。

如图 3-32b)所示,由力矩方程:

$$\sum M_B = 0, P \times 1.2 = R' \times 0.6$$

得到:

$$P = 4050 \mathrm{N}$$

【例 3-8】 如图 3-33 所示,管中水的流量 $Q = 1L/s$,出口水流垂直向下喷射冲击一平板,管的断面积 $\omega = 2 \mathrm{cm}^2$,求水流对平板的作用力(提示:计算重力时取高为 h,底面积为 ω 的圆柱体计算)。

解析: 动量方程的解题步骤可以归纳为:取隔离体,对隔离体进行受力分析、选取坐标、建立方程。本题取水管出口后的水流作为隔离体,由于水流包围在大气中,各过水断面上的动水压力为零,水流冲击在平板后均匀向四周散开,散开后流速方向与所求的作用力垂直,无需计算,所以只写出垂直向的动量方程即可求解。

答案: 隔离体如图 3-34 所示,由于各过水断面的动水压力为零,故作用在隔离体上的力只有两个,分别为固体边界作用在隔离体上的力 R' 和重力 G。

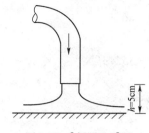

图 3-33 【例题 3-8】图

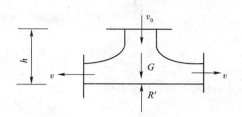

图 3-34 【例题 3-8】答案图

选取 z 轴的方向垂直向下,则 z 方向的动量方程:

$$0 - \rho Q \beta v_0 = G - R'$$

$$R' = G + \rho Q \beta V_0 = \gamma h \omega + \rho Q \beta V_0$$

$$= 9.8 \times 0.05 \times 2 \times 10^{-4} + 1 \times 1 \times 10^{-3} \times 1 \times \frac{0.001}{2 \times 10^{-4}}$$

$$= 0.98 \times 10^{-4} + 5 \times 10^{-3} = 5.098 \times 10^{-3} \text{kN}$$

水流对平板的作用力与 R' 大小相等、方向相反。

【例 3-9】 如图 3-35 所示的平板闸门,宽 $b = 5$m,闸门前水深 $H = 4$m,闸后收缩断面 C-C 处的断面平均流速 $v_C = 7$m/s,若不计水头损失和摩擦力以及闸前断面的行近流速水头,求水流作用于闸门上动水总压力的水平分力 F_x。

解析:本题涉及能量方程和动量方程的联合应用。首先由能量方程计算 C-C 断面的水深 h_C 和闸孔通过的流量,再通过动量方程计算闸门上的动水总压力 F_x。需特别注意:该题的已知条件是忽略闸前断面的行近流速水头 $\frac{\alpha_0 v_0^2}{2g}$,而行近流速 v_0 在解题过程中不能忽略。

答案:以 O'-O' 为基准面建立 O-O、C-C 断面的能量方程:

$$H = h_C + \frac{\alpha_C v_C^2}{2g}$$

$$h_C = H - \frac{\alpha_C v_C^2}{2g} = 4 - \frac{7 \times 7}{19.6} = 1.5 \text{m}$$

流量:

$$Q = v_C h_C b = 7 \times 1.5 \times 5 = 52.5 \text{m}^3/\text{s}$$

取 O-O、C-C 断面之间的水体作为隔离体进行受力分析,如图 3-36 所示。

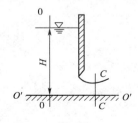

图 3-35 【例题 3-9】图

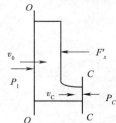

图 3-36 【例题 3-9】答案图

O-O、C-C 断面上的动水压力:

$$P_1 = \frac{1}{2}\gamma H^2 b = \frac{1}{2} \times 9.8 \times 16 \times 5 = 392 \text{kN}$$

$$P_C = \frac{1}{2}\gamma h_C^2 b = \frac{1}{2} \times 9.8 \times 1.5^2 \times 5 = 55.13 \text{kN}$$

写出流动方向的动量方程：
$$\rho Q(v_C - v_0) = P_1 - P_C - F'_x$$

其中：
$$v_0 = \frac{Q}{Hb} = \frac{52.5}{4 \times 5} = 2.63 \text{m/s}$$

解得：
$$F'_x = P_1 - P_2 - \rho Q(v_C - v_0) = 392 - 55.13 - 52.5 \times (7 - 2.63) = 107.2 \text{kN}$$

水流作用于闸门上的动水总压力的水平分力与 F'_x 大小相等，方向相反。

第四章 流动阻力及能量损失

第一节 重点内容

一、能量损失的物理概念及其分类

能量损失一般有两种表示方法:对于液体,通常用单位重量流体的能量损失(或称水头损失)h_w 来表示,其量纲为长度;对于气体,常用单位体积流体的能量损失(或称压强损失)p_w 来表示,其量纲与压强相同。两者之间的关系是:$p_w = \gamma h_w$。

能量损失由沿程损失和局部损失两部分组成。

如图 4-1 所示,当流体作均匀流时,流动阻力中只有沿程不变的切应力,称为沿程阻力(或摩擦力),运动流体克服沿程阻力做功而引起的能量损失称为沿程损失,对于液体以 h_f 表示,对于气体,沿程损失用沿程压强损失 p_f 表示,p_f 与 h_f 的关系为 $p_f = \gamma h_f$。

如图 4-2 所示,由于固体边界急剧改变(通常伴有旋涡区出现)而产生的阻力称为局部阻力,它引起的局部范围之内的能量损失称为局部损失,对于液体常用 h_m 表示,对于气体,局部损失用局部压强损失 p_m 表示,p_m 与 h_m 的关系为 $p_m = \gamma h_m$。

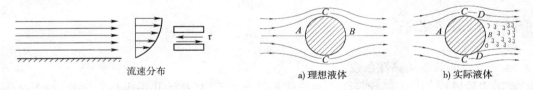

图 4-1　均匀流的沿程阻力　　　　　图 4-2　圆柱绕流

流体产生能量损失的内因是流体具有黏滞性,外因是固体边界的影响;内因是主要的,起决定作用的。若流体是有黏滞性的,即使固体边界是平直的,由于边界滞流作用,引起过流断面流速分布不均匀,从而使内部质点之间发生相对运动而产生切应力,流体克服切应力做功会产生能量损失。若流体是没有黏滞性的理想流体,即使边界轮廓发生急剧变化,引起流线方向和间距的变化,也只能促使机械能的互相转化(如动能转化为压能或压能转化为动能等),不可能引起能量损失。

把能量损失区分为沿程损失与局部损失,对流体本身来说,仅仅在于造成能量损失的外在原因有所不同而已,丝毫不意味着这两种能量损失在流体内部的物理作用方面有任何本质上的不同。就流体内部的物理作用来说,能量损失不论其产生的外因如何,都是由于流体内部质点之间有相对运动,因黏滞作用产生切应力的结果。

对于液体,某一流段沿程水头损失与局部水头损失的总和称为该流段的总水头损失,即:

$$h_w = \sum h_f + \sum h_m \tag{4-1}$$

式中：$\sum h_f$——该流段中各分段的沿程水头损失之总和；

$\sum h_m$——该流段中各种局部水头损失之总和。

对于气体，某一流段总的压强损失 p_w 可表示为全部沿程压强损失与全部局部压强损失之和，即：

$$p_w = \sum p_f + \sum p_m \tag{4-2}$$

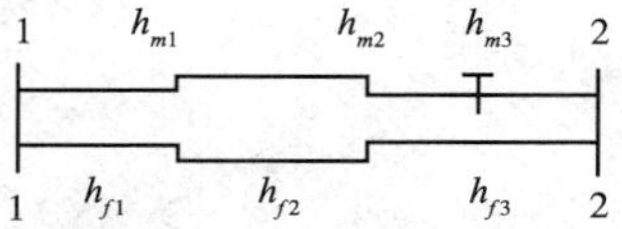

如图4-3所示输水管路，1-1断面和2-2断面之间的水头损失应为三项沿程水头损失与三项局部水头损失之和。即：

$$h_{w1-2} = h_{f1} + h_{f2} + h_{f3} + h_{m1} + h_{m2} + h_{m3}$$

图4-3 各项水头损失

二、实际流体运动的两种形态

1. 雷诺实验

雷诺通过圆管中的水流实验将实际流体的流动形态分为层流和紊流。各流层的质点有条不紊地运动，互不混掺，称为层流；有涡体生成并在流动过程中互相混掺，称为紊流。由层流转化成紊流时的管中断面平均流速称为上临界流速 v_c'；由紊流转化成层流时的管中断面平均流速称为下临界流速 $v_c(v_c < v_c')$。层流时沿程水头损失与速度的一次方成正比（$h_f \propto v^{1.0}$）；紊流时沿程水头损失与速度的1.75～2.0次方成正比（$h_f \propto v^{1.75~2.0}$）。

2. 层流、紊流的判别标准——下临界雷诺数

下临界雷诺数用 Re_c 表示，其表达式为：

$$Re_c = \frac{v_c d}{\nu} \tag{4-3}$$

式中：v_c——下临界流速；

d——管径；

ν——流体的运动黏性系数。

雷诺实验发现，Re_c 不随管径大小和流体种类而变，外界扰动几乎也与它无关，对于有压圆管，$Re_c \approx 2300$。

判别流态时，首先计算流动的实际雷诺数 $Re = \frac{vd}{\nu}$，若：

$$\left. \begin{array}{l} Re < Re_c = 2300, \text{为层流} \\ Re > Re_c = 2300, \text{为紊流} \end{array} \right\} \tag{4-4}$$

对于非圆形管及明渠，雷诺数中反映断面尺度的特征长度 d 可用水力半径 R 替代，$R = \frac{\omega}{\chi}$，是过流断面积 ω 与湿周 χ（断面中固体边界与流体相接触部分的周长）之比，则雷诺数：

$$Re = \frac{vR}{\nu} \tag{4-5}$$

对于圆管，$R = \frac{d}{4}$，此时下临界雷诺数 $Re_c \approx 575$。所以：

$$\text{Re} = \frac{vR}{\nu} < 575, 为层流$$
$$\text{Re} = \frac{vR}{\nu} > 575, 为紊流$$
(4-6)

对于天然情况下的无压流,其雷诺数都相当大,多属于紊流,因而很少进行流态的判别。

3. 雷诺数的物理意义

雷诺数的物理意义表征惯性力与黏滞力的比值。

三、均匀流沿程损失与切应力的关系

如图 4-4 所示的圆管均匀流,以 0-0 为基准面建立 1-1 断面和 2-2 断面的能量方程:

$$z_1 + \frac{p_1}{\gamma} + \frac{\alpha_1 v_1^2}{2g} = z_2 + \frac{p_2}{\gamma} + \frac{\alpha_2 v_2^2}{2g} + h_f$$

$$h_f = \left(z_1 + \frac{p_1}{\gamma}\right) - \left(z_2 + \frac{p_2}{\gamma}\right)$$

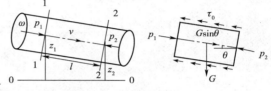

图 4-4　圆管均匀流沿流动方向受力分析

以 1-1 断面和 2-2 断面之间的流体作为隔离体,建立沿流向的平衡方程:

即:
$$p_1\omega - p_2\omega - \tau_0 \chi l + \gamma \omega l \sin\theta = 0$$

$$p_1\omega - p_2\omega - \tau_0 \chi l + \gamma \omega (z_1 - z_2) = 0$$

整理得:
$$\left(z_1 + \frac{p_1}{\gamma}\right) - \left(z_2 + \frac{p_2}{\gamma}\right) = \frac{\tau_0 \chi l}{\gamma \omega}$$

即:
$$\frac{\tau_0 \chi l}{\gamma \omega} = h_f, \tau_0 = \frac{\gamma \omega h_f}{\chi l}$$

由于 $R = \omega/\chi, J = h_f/l, R = d/4 = r_0/2$($r_0$ 为管的半径),所以:

$$\tau_0 = \gamma R J = \gamma \cdot \frac{r_0}{2} J \qquad (4-7)$$

以上推导过程并未涉及流动特性,式(4-7)只要在均匀流条件下都适用。

对于圆管内部流体,取半径为 r 的圆柱体作为隔离体,若距管轴为 r 处的切应力用 τ 表示,则:

$$\tau = \gamma \cdot \frac{r}{2} J \qquad (4-8)$$

由式(4-7)、式(4-8)得到:

$$\frac{\tau}{\tau_0} = \frac{r}{r_0}$$

或

$$\tau = \frac{r}{r_0} \tau_0 \qquad (4-9)$$

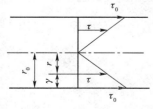

图 4-5　圆管均匀流切应力分布

因此,圆管均匀流过流断面上的切应力分布如图 4-5 所示。

四、圆管中的层流运动

1. 断面流速分布

如图 4-6 所示，圆管层流运动时过流断面上的流速分布是一个旋转抛物面，表达式为：

$$u = \frac{\gamma J}{4\mu}(r_0^2 - r^2)$$

在管轴处：

$$u|_{r=0} = u_{\max} = \frac{\gamma J}{4\mu}r_0^2$$

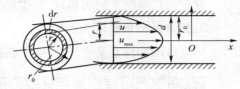

图 4-6 圆管层流流速分布

断面平均流速：

$$v = \frac{Q}{\omega} = \frac{\int_\omega u\,d\omega}{\omega} = \frac{\int_0^{r_0} \frac{\gamma J}{4\mu}(r_0^2 - r^2)2\pi r\,dr}{\pi r_0^2} = \frac{\gamma J}{8\mu}r_0^2 = \frac{1}{2}u_{\max}$$

动能修正系数：

$$\alpha = \frac{\int_\omega u^3 d\omega}{v^3 \omega} = \frac{\int_\omega \left(\frac{u}{v}\right)^3 d\omega}{\omega} = 2$$

动量修正系数：

$$\beta = \frac{\int_\omega \left(\frac{u}{v}\right)^2 d\omega}{\omega} = 1.33$$

2. 沿程损失

由

$$v = \frac{\gamma J r_0^2}{8\mu} = \frac{\gamma J}{8\mu}\cdot\frac{d^2}{4} = \frac{\gamma d^2 h_f}{32\mu l}$$

整理得：

$$h_f = \frac{64}{\text{Re}}\cdot\frac{l}{d}\cdot\frac{v^2}{2g} = \lambda\cdot\frac{l}{d}\cdot\frac{v^2}{2g} = \lambda\cdot\frac{l}{4R}\cdot\frac{v^2}{2g} \tag{4-10}$$

式(4-10)又称达西公式，λ 称为沿程阻力系数，层流时只与雷诺数有关，与管壁粗糙程度无关，且 $\lambda = \frac{64}{\text{Re}}$。该式虽然是在圆管层流情况下推导出来的，它同样适用于紊流，所不同的是紊流运动中沿程阻力系数 λ 的计算方法与层流不同。同时，该式既适用于有压流，也适用于无压流，是计算均匀流沿程损失的一个基本公式。

对于气体，沿程损失用压强损失表示，达西公式转化为：

$$p_f = \lambda\cdot\frac{l}{d}\cdot\frac{\rho v^2}{2} = \lambda\cdot\frac{l}{4R}\cdot\frac{\rho v^2}{2} \tag{4-11}$$

五、紊流的基本概念

1. 紊流形成过程分析

层流与紊流的主要区别在于紊流时流层之间流体质点有不断地相互混掺作用,而层流则无此现象,而涡体的形成是混掺作用产生的根源。下面以水流运动为例分析紊流的形成过程。

如图 4-7 所示的固体边界上的水流运动,由于水的黏滞性和边界面的滞水作用,过水断面上流速分布总是不均匀的,对于某一选定的流层来说,流速较大的邻层加于它的切应力是顺流向的,流速较小的邻层加于它的切应力是逆流向的,因此,该选定的流层所承受的切应力,有构成力矩、使流层发生旋转的倾向;由于外界的微小干扰或来流中残存的扰动,该流层将不可避免地出现局部性的波动,随同这种波动而来的是局部流速和压强的重新调整,在波

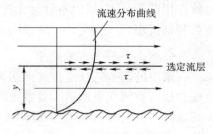

图 4-7 流层的切应力

峰上面微小流束过水断面变小,流速变大,压强要降低,而波峰下面微小流束过水断面增大,流速变小,压强就增大。在波谷附近流速和压强也有相应的变化,但与波峰处的情况相反。这样就使发生微小波动的流层各段承受不同方向的横向压力 P,如图 4-8a)所示。

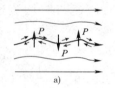 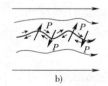 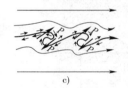

图 4-8 涡体的形成过程

显然,这种横向压力将使波峰愈凸,波谷愈凹,促使波幅更加增大,如图 4-8b)所示。波幅增大到一定程度以后,由于横向压力与切应力的综合作用使波峰与波谷重叠,形成涡体,如图 4-8c)所示。涡体形成以后,涡体旋转方向与主流流速方向一致的一边流速变大,相反的一边流速变小。流速大的一边压强小,流速小的一边压强大,这样就使涡体上下两边产生压差,形成作用于涡体的升力,如图 4-9 所示。这种升力就有可能推动涡体脱离原流层而掺入流速较高的邻层,从而扰动邻层进一步产生新的涡体,如此发展下去,层流即转化为紊流。

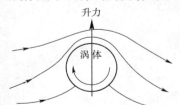

图 4-9 涡体的运移

通过上述分析注意以下两个问题:

① 为什么雷诺数 Re 可以判别流态?

涡体形成并不一定就能形成紊流。一方面,由于惯性涡体有保持其本身运动的倾向;另一方面,流体的黏滞作用又要约束涡体的运动,所以涡体能否脱离原层而掺入邻层,就要看惯性作用与黏滞作用两者的对比关系。只有当惯性作用与黏滞作用相比强大到一定程度时,才可能形成紊流。由于雷诺数 Re 的物理意义表征惯性力与黏滞力的比值,所以当雷诺数达到某一数值时,即表示惯性力足以克服黏滞力,这就是可以用雷诺数来判别流态的道理。

② 为什么采用下临界雷诺数判别流态?

上临界流速对应的雷诺数称为上临界雷诺数,下临界流速对应的雷诺数称为下临界雷诺数。由紊流的形成过程可以看出,紊流形成的先决条件是涡体的形成,其次是雷诺数要达到一定的数值。如果流体非常平稳(扰动极小),涡体就不易形成,则雷诺数虽然达到一定的数值,也不可能产生紊流,所以自层流转变为紊流时,上临界雷诺数是极不稳定的。反之,自紊流转变为层流时,只要雷诺数降低到某一数值,即使涡体继续存在,惯性力也不足以克服黏滞力,混掺作用即行消失,所以不管有无扰动,下临界雷诺数是比较稳定的,因此我们采用下临界雷诺数判别流态。

2. 紊流运动要素的脉动

紊流的基本特征是许许多多大小不等的涡体相互混掺着前进,质点的运动轨迹无规律,表现为任一空间点上的运动要素随时间不断变化,这种现象称为运动要素的脉动,下面以某一空间点主流方向流速 u_x 为例说明几个概念,如图 4-10 所示。

①瞬时流速 u_x:某一瞬时通过该空间点的流体质点的流速。

②时均流速 $\overline{u_x}$:瞬时流速的时间平均值。

$$\overline{u}_x = \frac{1}{T}\int_0^T u_x \mathrm{d}t$$

恒定流时 $\overline{u_x}$ 不随时间变化。

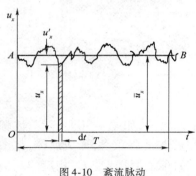

图 4-10 紊流脉动

③脉动流速 u'_x:瞬时流速与时均流速之差称为脉动流速。

$$u'_x = u_x - \overline{u}_x$$

脉动流速的时均值为零,$\overline{u'_x} = \frac{1}{T}\int_0^T (u_x - \overline{u}_x)\mathrm{d}t = 0$。

由于紊流中存在运动要素的脉动,严格说紊流总是非恒定流。由于工程流体力学问题主要研究时均运动要素的变化规律,所以仍可以按时均运动要素是否随时间变化而分为恒定流与非恒定流。

3. 紊流切应力

层流时采用牛顿内摩擦定律计算切应力:

$$\tau = \mu \frac{\mathrm{d}u}{\mathrm{d}y}$$

紊流时切应力计算公式:

$$\overline{\tau} = \overline{\tau}_1 + \overline{\tau}_2 \tag{4-12}$$

其中:

$$\overline{\tau}_1 = \mu \frac{\mathrm{d}\overline{u}_x}{\mathrm{d}y} \tag{4-13}$$

$$\overline{\tau}_2 = -\rho \,\overline{u'_x u'_y} = \rho l^2 \left(\frac{\mathrm{d}\overline{u}_x}{\mathrm{d}y}\right)^2 \tag{4-14}$$

式中:$\overline{\tau}_1$——由于相邻流层时均流速不同而存在相对运动所产生的黏滞切应力;

$\bar{\tau}_2$——由于质点脉动引起相邻层间的动量交换,从而在层面上产生的紊流附加切应力;

ρ——流体的密度;

l——普朗特混合长度。

六、圆管中的紊流

1. 圆管中的紊流流核与黏性底层

(1) 黏性底层

紊流中最靠近固体边界的地方,因流速梯度 du/dy 很大而混合长度几乎为零,黏滞切应力仍起主要作用,而且质点受固体边界抑制又不能产生横向运动,所以流动形态属于层流,紧靠固体边界表面的这一极薄的层流层叫黏性底层,其厚度用 δ_0 表示。黏性底层以外的流体称为紊流流核(图 4-11)。

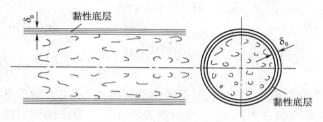

图 4-11 黏性底层与紊流流核

黏性底层厚度的计算公式:

$$\delta_0 = \frac{32.8d}{\text{Re}\sqrt{\lambda}} \tag{4-15}$$

(2) 紊流光滑区

固体边界的表面总是粗糙不平的,粗糙表面的"平均"凸出高度称为绝对粗糙度,用"Δ"表示。当 δ_0 大于 Δ 的若干倍时,Δ 完全淹没在黏性底层中,紊流流核在平直的黏性底层的表面上滑动,这时边壁对紊流的阻力主要是黏性底层的黏滞阻力,Δ 对紊流不起任何作用,这种情况称为"紊流光滑区",如图 4-12a)所示。

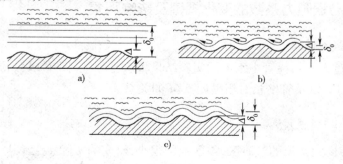

图 4-12 紊流分区

(3) 紊流粗糙区

当 δ_0 小于 Δ 的若干倍时,Δ 对紊流起主要作用,当紊流流核流经凹凸不平的边界时有旋涡区出现,边壁对紊流的阻力主要是由这些旋涡造成的,而黏性底层的黏滞力可以忽略不计,这种情况称为"紊流粗糙区",如图 4-12b)所示。

(4) 紊流过渡区

介于以上两者之间的情况称为紊流过渡区,此时固体边界对紊流的阻力一部分是黏性底层的黏滞力,另一部分是由绝对粗糙度引起的,如图 4-12c)所示。

必须指出,所谓"光滑"或"粗糙"并非完全取决于固体边界表面本身是光滑的还是粗糙的,而必须依据黏性底层和绝对粗糙度两者的大小关系来决定。即使是同一固体边界面,在某一雷诺数下可能是光滑的,而在另一雷诺数下又可能是粗糙的。根据尼古拉兹的实验资料,可将紊流光滑区、紊流粗糙区和介于两者之间的紊流过渡区的分区规定为:

紊流光滑区:
$$\Delta < 0.4\delta_0$$

紊流过渡区:
$$0.4\delta_0 < \Delta < 6\delta_0$$

紊流粗糙区:
$$\Delta > 6\delta_0$$

2. 流速分布

紊流中由于质点相互混掺、相互碰撞而产生动量传递,动量大的质点将动量传给动量小的质点,动量小的质点影响动量大的质点,结果造成断面流速分布的均匀化,如图 4-13 所示。

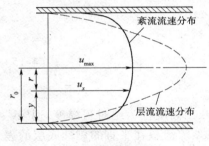

图 4-13 紊流流速分布

3. 沿程损失

紊流沿程损失的计算公式仍采用达西公式:
$$h_f = \lambda \cdot \frac{l}{d} \cdot \frac{v^2}{2g} = \lambda \cdot \frac{l}{4R} \cdot \frac{v^2}{2g}$$

在紊流中沿程阻力系数 λ 的计算方法与层流不同。圆管层流时 $\lambda = \frac{64}{\mathrm{Re}}$,而圆管紊流的沿程阻力系数 λ 则是雷诺数 Re 及管壁相对粗糙度 Δ/d 的函数。

七、圆管中沿程阻力系数的变化规律及影响因素

1. 尼古拉兹实验曲线

尼古拉兹通过人工粗糙管中水流的实验结果将水流分区(图 4-14),得到各流区沿程阻力系数 λ 与雷诺数 Re 以及管壁相对粗糙度 Δ/d 的关系。

Ⅰ区(层流区):$\lambda = \frac{64}{\mathrm{Re}}$。

Ⅱ区:层流转变为紊流的过渡区,该区范围很小,研究的实际意义不大。

Ⅲ区(紊流光滑区):λ 只与雷诺数 Re 有关,与相对粗糙度 Δ/d 无关。

Ⅳ区(紊流过渡区):λ 既与雷诺数 Re 有关,也与相对粗糙度 Δ/d 有关。

Ⅴ区(紊流粗糙区):λ 只与相对粗糙度 Δ/d 有关,与 Re 无关,在该区由于 $h_f \propto v^2$,因此又称为阻力平方区。

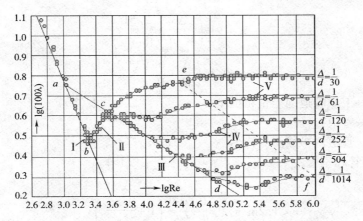

图 4-14 尼古拉兹实验曲线

2. λ 值的计算方法

对实际应用中的工业管道，λ 值可通过查莫迪图（参考教材）或采用半经验公式、经验公式计算。公式归纳如下。

(1) 紊流光滑区

① $$\frac{1}{\sqrt{\lambda}} = 2\lg(\mathrm{Re}\sqrt{\lambda}) - 0.8 \qquad (4\text{-}16)$$

适用于 $\mathrm{Re} = 5 \times 10^4 \sim 3 \times 10^6$。

② $$\frac{1}{\sqrt{\lambda}} = -2\lg\left(\frac{\Delta}{3.7d} + \frac{2.51}{\mathrm{Re}\sqrt{\lambda}}\right) \qquad (4\text{-}17)$$

③ $$\lambda = 0.11\left(\frac{\Delta}{d} + \frac{68}{\mathrm{Re}}\right)^{0.25} \qquad (4\text{-}18)$$

④ $$\lambda = \frac{0.316}{\mathrm{Re}^{1/4}} \qquad (4\text{-}19)$$

适用条件为：$\mathrm{Re} < 10^5$ 及 $\Delta < 0.4\delta_0$。

(2) 紊流过渡区

① $$\frac{1}{\sqrt{\lambda}} = -2\lg\left(\frac{\Delta}{3.7d} + \frac{2.51}{\mathrm{Re}\sqrt{\lambda}}\right)$$

② $$\lambda = 0.11\left(\frac{\Delta}{d} + \frac{68}{\mathrm{Re}}\right)^{0.25}$$

(3) 紊流粗糙区

① $$\lambda = \frac{1}{\left[2\lg\left(\frac{r_0}{\Delta}\right) + 1.74\right]^2} \qquad (4\text{-}20)$$

适用于 $\mathrm{Re} > \dfrac{382}{\sqrt{\lambda}}\left(\dfrac{r_0}{\Delta}\right)$。

②
$$\frac{1}{\sqrt{\lambda}} = -2\lg\left(\frac{\Delta}{3.7d} + \frac{2.51}{\text{Re}\sqrt{\lambda}}\right)$$

③
$$\lambda = 0.11\left(\frac{\Delta}{d} + \frac{68}{\text{Re}}\right)^{0.25}$$

以上各式中：Δ——工业管道的当量粗糙度；
d——管道直径；
r_0——管道的半径。

(4) 对于铸铁管和钢管

紊流过渡区：
$$v < 1.2\text{m/s}, \lambda = \frac{0.0179}{d^{0.3}}\left(1 + \frac{0.867}{v}\right)^{0.3} \tag{4-21a}$$

阻力平方区：
$$v > 1.2\text{m/s}, \lambda = \frac{0.0210}{d^{0.3}} \tag{4-21b}$$

式中，管径 d 均以 m 计，速度 v 以 m/s 计，且公式是在水温为 10℃、运动黏性系数 $v = 1.31 \times 10^{-6}\text{m}^2/\text{s}$ 的条件下推导出来的。

八、非圆管有压流的沿程损失

对于非圆管有压流，仍采用达西公式计算沿程损失：
$$h_f = \lambda \frac{l}{4R} \frac{v^2}{2g}$$

若设非圆管的当量直径 $d_e = 4R$，上式转变为：
$$h_f = \lambda \frac{l}{d_e} \frac{v^2}{2g} \tag{4-22}$$

对于边长分别为 a、b 的矩形管：
$$d_e = \frac{2ab}{a+b}$$

对于边长为 a 的方形管：
$$d_e = a$$

对于非圆管沿程阻力系数 λ 的计算，可用当量相对粗糙度 $\frac{\Delta}{d_e}$ 代入沿程阻力系数的计算公式或查图求得。雷诺数可用当量直径代替式中的 d，即：
$$\text{Re} = \frac{vd_e}{\nu}$$

此雷诺数也可近似用来判别非圆管的流态，临界雷诺数仍取 2300。也可采用式(4-5)判别流态。

九、明渠流的沿程损失

实际工程中明渠流的流态绝大多数情况属于紊流。法国工程师谢才提出明渠均匀流平均流速的经验公式：

$$v = C\sqrt{RJ} \tag{4-23}$$

式中：C——谢才系数；
R——水力半径；
J——水力坡度。

式(4-23)称为谢才公式。应当注意,谢才系数 C 与沿程阻力系数 λ 不同,是具有量纲的量,量纲为$[L^{1/2}/T]$,单位一般采用 $m^{1/2}/s$。

式(4-23)也可表示为：

$$h_f = \frac{v^2 l}{C^2 R} = \frac{8g}{C^2} \cdot \frac{l}{4R} \cdot \frac{v^2}{2g} \tag{4-24}$$

由式(4-24)得到谢才系数与沿程阻力系数的关系式：

$$\lambda = \frac{8g}{C^2} \tag{4-25}$$

曼宁公式常用来计算谢才系数：

$$C = \frac{1}{n} R^{\frac{1}{6}} \tag{4-26}$$

式中：R——水力半径,以 m 计；
n——综合反映壁面对水流阻滞作用的粗糙系数,适用范围：$n < 0.020$, $R < 0.5 m$。

应指出,就谢才公式本身而言,它适用于有压或无压均匀流动的各阻力区。但是,曼宁公式只包括 n 和 R,不包括流速 v 和运动黏性系数 ν,也就是与雷诺数 Re 无关。因此,如直接由曼宁公式计算 C 值,谢才公式就仅适用于阻力平方区。式(4-24)和式(4-26)也可应用于管道的阻力平方区。

十、局部损失

1. 局部损失产生的原因

局部损失产生的原因分析如下。

(1)边界突变处主流脱离固体边界,并伴有旋涡区出现,产生能量损失

如图 4-15 所示,在旋涡区涡体的旋转、碰撞,增加了紊流的脉动程度,其消耗的能量通过动量交换或黏性传递从主流补给；由于旋涡区存在,压缩了主流的过流断面,流速分布重新调整,调整过程中增加了流速梯度,也就增大了流层间的切应力；再有,旋涡不断被主流带走,加剧一定范围内的紊流脉动,加大了这段长度上的能量损失,因此主流脱离固体边界和旋涡区的存在是造成局部损失的主要原因。

(2)流动方向变化所造成的二次流损失

当实际流体经过弯管时,不但会使主流脱离固体边界,还会产生与主流方向正交的流动,称为二次

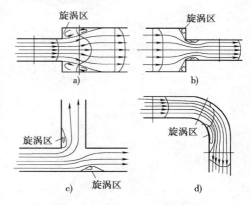

图 4-15 边界突变产生局部损失

流,如图4-16所示。这种断面环流叠加在主流上,形成了螺旋流。由于黏性的作用,二次流在弯道后一段距离内消失。

2. 局部损失的计算公式

局部损失的计算公式可表示为：

$$h_m = \zeta \frac{v^2}{2g} \tag{4-27}$$

式中：ζ——局部阻力系数；

v——局部阻力前或后的断面平均流速。

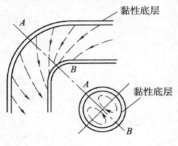

图4-16 二次流现象

局部损失计算的关键在于确定局部阻力系数ζ。实验表明,ζ取决于造成局部阻力的边界几何形式以及运动流体的雷诺数。但是,发生局部损失处的流体,由于受局部障碍的强烈干扰,在较小的雷诺数($Re \approx 10^4$)时就进入了阻力平方区,故在一般工程计算中,认为ζ只取决于局部障碍的形状,而与Re无关。

由于局部障碍的形式繁多,ζ值除少数几种情况可以用理论结合实验得到外,其余都仅由实验测定。下面讨论有代表性的圆管中液流突然扩大的局部损失。

3. 圆管中液流突然扩大的局部损失及其系数

如图4-17a)所示,以0-0为基准面建立1-1断面和2-2断面的能量方程：

$$z_1 + \frac{p_1}{\gamma} + \frac{\alpha_1 v_1^2}{2g} = z_2 + \frac{p_2}{\gamma} + \frac{\alpha_2 v_2^2}{2g} + h_m$$

$$h_m = \left(z_1 + \frac{p_1}{\gamma}\right) - \left(z_2 + \frac{p_2}{\gamma}\right) + \left(\frac{\alpha_1 v_1^2}{2g} - \frac{\alpha_2 v_2^2}{2g}\right) \tag{4-28}$$

选取1-1断面和2-2断面之间的流体(包括旋涡区)作为隔离体,如图4-17b)所示。A-B断面由两部分组成(1-1断面与环形旋涡区)。实验表明,A-B断面近似符合静压分布规律。对隔离体进行受力分析并忽略切应力,则沿流动方向的动量方程：

$$\rho Q(\beta_2 v_2 - \beta_1 v_1) = p_1 \omega_2 - p_2 \omega_2 + \gamma \omega_2 (z_1 - z_2)$$

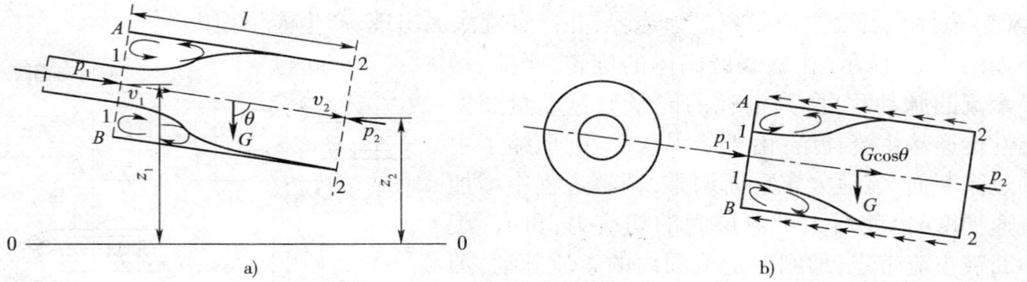

图4-17 圆管突扩

各项除以$\gamma \omega_2$,得到：

$$\frac{v_2}{g}(\beta_2 v_2 - \beta_1 v_1) = \left(z_1 + \frac{p_1}{\gamma}\right) - \left(z_2 + \frac{p_2}{\gamma}\right)$$

将上式代入式(4-28)整理得：

$$h_m = \frac{(v_1 - v_2)^2}{2g} \tag{4-29}$$

将连续性方程 $v_1\omega_1 = v_2\omega_2$ 代入式(4-29)得到：

$$h_m = \zeta_1 \frac{v_1^2}{2g}$$

其中：

$$\zeta_1 = \left(1 - \frac{\omega_1}{\omega_2}\right)^2 \tag{4-30}$$

或：

$$h_m = \zeta_2 \frac{v_2^2}{2g}$$

其中：

$$\zeta_2 = \left(\frac{\omega_2}{\omega_1} - 1\right)^2 \tag{4-31}$$

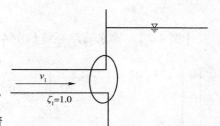

当液体在淹没情况下从管道流入断面很大的容器时，如图4-18所示，$\frac{\omega_1}{\omega_2} \approx 0$，则 $\zeta_1 = 1$，这是突然扩大的特殊情况，称为出口局部阻力系数。

图4-18 管路出口局部阻力系数

第二节 典 型 例 题

【例4-1】 如图4-19所示，油的流量 $Q = 7.7 \text{cm}^3/\text{s}$，通过直径 $d = 6\text{mm}$ 的细管，在 $l = 2\text{m}$ 长的管段两端接水银差压计，差压计读数 $h = 18\text{cm}$，$\gamma_{水银} = 133.38 \text{kN/m}^3$，$\gamma_{油} = 8.43 \text{kN/m}^3$，求油的运动黏性系数 $\nu_{油}$。

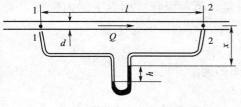

图4-19 【例题4-1】图

解析：由1-1断面和2-2断面的能量方程建立两断面压强差与沿程水头损失的关系，再根据等压面原理找出两断面压强差与水银差压计的关系，联立方程分别解出 λ、Re 及 $\nu_{油}$。

答案：因管中输送油，多为层流。

建立1-1断面和2-2断面的能量方程得到：

$$h_f = \frac{p_1}{\gamma_{油}} - \frac{p_2}{\gamma_{油}}$$

在水银差压计的等压面上满足：

$$p_1 + \gamma_{油}(x + 0.18) = p_2 + \gamma_{油} x + \gamma_m \times 0.18$$

即：

$$p_1 - p_2 = 0.18(\gamma_m - \gamma_{油})$$

将上式代入能量方程，则：

$$h_f = \frac{p_1}{\gamma_{\text{油}}} - \frac{p_2}{\gamma_{\text{油}}} = 0.18\left(\frac{\gamma_m}{\gamma_{\text{油}}} - 1\right)$$

由达西公式：

$$h_f = 0.18\left(\frac{\gamma_m}{\gamma_{\text{油}}} - 1\right) = \lambda \cdot \frac{l}{d} \cdot \frac{v^2}{2g}$$

得到：

$$\lambda = 2.12$$

由层流沿程阻力系数的计算公式 $\lambda = \dfrac{64}{\text{Re}}$，得到 Re = 30.183。

由 $\text{Re} = \dfrac{vd}{\nu_{\text{油}}}$，得到：$\nu_{\text{油}} = 0.54 \text{cm}^2/\text{s}$。

【**例 4-2**】 输水管路系统如图 4-20 所示，已知：$\zeta_1 = 0.5, h_{m2} = \zeta_2 \dfrac{v_2^2}{2g}$（其中 $\zeta_2 = 0.25$），$\zeta_3 = \zeta_4 = 0.3, n = 0.013$，各段直径 $d_1 = 0.4\text{m}, d_2 = d_3 = d_4 = 0.2\text{m}$，各段管长 $l_1 = 100\text{m}, l_2 = 40\text{m}, l_3 = 8\text{m}, l_4 = 100\text{m}$。求：

(1) 通过管路系统的流量 Q。

(2) 第一根管道周界上的内摩擦力 τ_0。

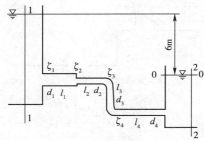

图 4-20 【例题 4-2】图

解析：本题重点考查复杂管路系统沿程水头损失和局部水头损失的计算。由已知的管径及粗糙系数 n 计算谢才系数 C，而 $\lambda = \dfrac{8g}{C^2}$，由此得到各管段的沿程阻力系数。题目给出了四个局部阻力系数，需注意管路出口处的局部阻力系数 $\zeta_5 = 1$ 未直接给出。建立 1-1 断面、2-2 断面的能量方程并结合连续性方程可得到流量。第一根管道周界上的内摩擦力采用 $\tau_0 = \gamma R J$ 计算，式中的 J 为第一根管道的水力坡度，$J = \dfrac{h_{f1}}{l_1}$。

答案：(1) 以 0-0 为基准面建立 1-1 断面和 2-2 断面的能量方程：

$$6 = h_w = \lambda_1 \frac{l_1}{d_1}\frac{v_1^2}{2g} + \lambda_2 \frac{l_2}{d_2}\frac{v_2^2}{2g} + \lambda_3 \frac{l_3}{d_3}\frac{v_2^2}{2g} + \lambda_4 \frac{l_4}{d_4}\frac{v_2^2}{2g} + \zeta_1 \frac{v_1^2}{2g} + \zeta_2 \frac{v_2^2}{2g} + \zeta_3 \frac{v_2^2}{2g} + \zeta_4 \frac{v_2^2}{2g} + \zeta_5 \frac{v_2^2}{2g}$$

其中：

$$\zeta_5 = 1$$

由 $R = \dfrac{d}{4}$、$C = \dfrac{1}{n}R^{1/6}$ 和 $\lambda = \dfrac{8g}{C^2}$ 得：

$$\lambda_1 = 0.0286, \lambda_2 = \lambda_3 = \lambda_4 = 0.036$$

由连续性方程：

$$v_1 \frac{1}{4}\pi d_1^2 = v_2 \frac{1}{4}\pi d_2^2, v_1 = 0.25 v_2$$

将上述已知条件代入能量方程,解得:

$$v_2 = 2.016 \text{m/s}, v_1 = 0.504 \text{m/s}, Q = 0.0633 \text{m}^3/\text{s}$$

(2)均匀流管壁切应力公式

$$\tau_0 = \gamma R J$$

其中水力坡度:

$$J = \frac{h_{f1}}{l_1} = \lambda_1 \frac{1}{d_1} \frac{v_1^2}{2g}$$

将 $v_1 = 0.504 \text{m/s}$ 代入上式,得:

$$J = 9.266 \times 10^{-4}$$
$$\tau_0 = 0.908 \text{N/m}^2$$

【**例 4-3**】 如图 4-21 所示输水管道,已知水头为 H,直径为 d,沿程阻力系数为 λ,且流动在阻力平方区,若①在水平方向接一长度为 Δl 的同管径水管;②在垂直方向接一长度为 Δl 的同管径水管,问:哪种情况流量大?为什么(忽略局部水头损失)?

解析:本题重点考查能量方程的应用及沿程损失的计算。分别建立两种情况的能量方程,对比分析后可以得到答案。需要注意的是两种情况的作用水头不相等,而沿程阻力系数相等。

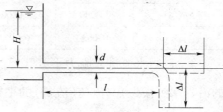

图 4-21 【例题 4-3】图

答案:建立两种情况下水箱断面和管路出口断面的能量方程:

①

$$H + \frac{\alpha_0 v_0^2}{2g} = \frac{\alpha_1 v_1^2}{2g} + \lambda \frac{l + \Delta l}{d} \frac{v_1^2}{2g}$$

令 $H_0 = H + \frac{d_0 v_0^2}{2g}$,取 $\alpha_1 = 1$,则:

$$H_0 = \left[1 + \lambda \frac{(l + \Delta l)}{d} \right] \frac{v_1^2}{2g}$$

解得:

$$v_1 = \frac{1}{\sqrt{1 + \lambda \frac{(l + \Delta l)}{d}}} \sqrt{2 g H_0}$$

②

$$H + \Delta l + \frac{\alpha_0 v_0^2}{2g} = \frac{\alpha_2 v_2^2}{2g} + \lambda \frac{(l + \Delta l)}{d} \frac{v_2^2}{2g}$$

令 $H_0 = H + \frac{d_0 v_0^2}{2g}$,取 $\alpha_2 = 1$,则:

$$H_0 + \Delta l = \left[1 + \lambda \frac{(l + \Delta l)}{d} \right] \frac{v_2^2}{2g}$$

解得:

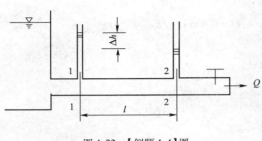

图 4-22 【例题 4-4】图

$$v_2 = \frac{1}{\sqrt{1+\lambda\dfrac{(l+\Delta l)}{d}}}\sqrt{2g(H_0+\Delta l)}$$

比较 v_1 和 v_2 可知,第二种情况流量大。

【例 4-4】 在如图 4-22 所示的输水管路中进行沿程阻力系数实验,已知 $l=10\text{m}$,直径 $d=10\text{cm}$。已测得 Δh 和 Q 的五组数据见表 4-1,由实验数据判别当流量多大时水流流态进入阻力平方区?

【例题 4-4】实验数据　　　　　　　　　　　　　表 4-1

次数 项目	1	2	3	4	5	6
$\Delta h(\text{m})$	0.0240	0.0600	0.1320	0.1660	0.2390	0.3735
$Q(\text{m}^3/\text{s})$	0.003	0.005	0.008	0.010	0.012	0.015

解析：当水流进入阻力平方区后,沿程水头损失(图 4-22 中 Δh 为 1-1 断面和 2-2 断面间的沿程水头损失)与流速(流量)的平方成正比,沿程阻力系数为常数。分别计算各组的 $\dfrac{\Delta h}{Q^2}$ 值或 λ 值,当该数值不再变化时即进入阻力平方区。

答案一：当水流进入阻力平方区后,1-1 断面和 2-2 断面之间的水头损失 Δh 与流量 Q^2 成正比,分别计算各组的 $\dfrac{\Delta h}{Q^2}$ 值见表 4-2。

$\Delta h/Q^2$ 计算结果　　　　　　　　　　　　　表 4-2

次数	1	2	3	4	5	6
$\dfrac{\Delta h}{Q^2}$	2667	2400	2063	1660	1660	1660

上述计算结果表明,当 $Q \geq 0.01\text{m}^3/\text{s}$ 时,$\dfrac{\Delta h}{Q^2}$ 值不再变化,水流进入阻力平方区。

答案二：建立 1-1 断面、2-2 断面的能量方程：

$$\Delta h = \lambda \frac{l}{d}\frac{v^2}{2g} = \lambda \frac{l}{d}\frac{Q^2}{2g\left(\dfrac{1}{4}\pi d^2\right)^2}$$

整理得：

$$\Delta h = \frac{8lQ^2}{g\pi^2 d^5}\lambda$$

即：

$$\lambda = \frac{g\pi^2 d^5}{8lQ^2}\Delta h = 0.00001208\frac{\Delta h}{Q^2}$$

计算各组 λ 值见表 4-3。

λ 计算结果　　　　　　　　　　　　　　　　　　　表 4-3

次数	1	2	3	4	5	6
λ	0.0322	0.0290	0.0249	0.0200	0.0200	0.0200

上述计算结果表明,当 $Q \geq 0.01\text{m}^3/\text{s}$ 时,λ 值不再变化,已进入阻力平方区。

【例 4-5】 如图 4-23 所示水平突然扩大输水管道,已知直径 $d_1 = 5\text{cm}$,直径 $d_2 = 10\text{cm}$,管中流量 $Q = 25\text{L/s}$,试求 U 形水银差压计的读数 Δh(水银重度 $\gamma_m = 13.6\gamma$)。

解析:本题涉及能量方程的应用、圆管突然扩大的局部水头损失计算、U 形水银测压计的应用等多处知识点。首先建立能量方程,水头损失项只计算圆管突然扩大的局部水头损失。再由 U 形水银测压计中的等压面,找出压强差与 Δh 的关系。

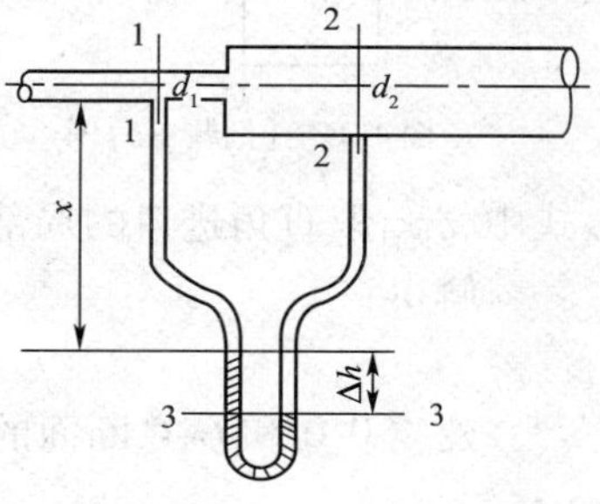

答案:建立 1-1 断面、2-2 断面的能量方程:

$$\frac{p_1}{\gamma} + \frac{\alpha_1 v_1^2}{2g} = \frac{p_2}{\gamma} + \frac{\alpha_2 v_2^2}{2g} + \frac{(v_1 - v_2)^2}{2g}$$

即:

$$\frac{p_2 - p_1}{\gamma} = \frac{v_1 v_2 - v_2^2}{g}$$

图 4-23 中 3-3 等压面,则:

$$p_1 + \gamma x + \gamma_m \Delta h = p_2 + \gamma(x + \Delta h)$$

图 4-23 【例题 4-5】图

整理得:

$$p_2 - p_1 = (\gamma_m - \gamma) \Delta h$$

将上式代入能量方程,得:

$$\left(\frac{\gamma_m}{\gamma} - 1\right) \Delta h = \frac{v_1 v_2 - v_2^2}{g}$$

其中:

$$v_1 = \frac{Q}{\frac{1}{4}\pi d_1^2} = \frac{0.025}{\frac{1}{4}\pi 0.05^2} = 12.74\text{m/s}$$

$$v_2 = \frac{Q}{\frac{1}{4}\pi d_2^2} = \frac{0.025}{\frac{1}{4}\pi 0.1^2} = 3.185\text{m/s}$$

解得:

$$\Delta h = \frac{12.74 \times 3.185 - 3.185^2}{9.8 \times 12.6} = 0.246\text{m}$$

【例 4-6】 如图 4-24 所示,一水面保持恒定的大水箱接一直径 $d = 4\text{cm}$ 的短管,已知 $H = 1\text{m}$,收缩断面 C-C 处的断面积与管路面积之比为 0.64,收缩断面以前由于流速突然收缩引起的水头损失 $h_m = 0.06 \frac{v_C^2}{2g}$,收缩断面处接一铅直玻璃管插入颜色液体中,若不计水箱中流速水头及短管的沿程水头损失,求颜色液体在铅直玻璃管中上升的高度 h。

解析:本题涉及能量方程、连续方程、静水压强计算、等压面等多处知识点。首先由连续方

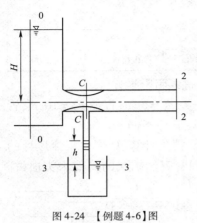

图 4-24 【例题 4-6】图

程计算 $C\text{-}C$ 断面流速与管路断面平均流速的关系,再由能量方程得到 $C\text{-}C$ 断面的流速和压强,最后由静水压强的计算公式得到 h。

答案: 由连续性方程 $\omega_C v_C = \omega v$,则:

$$\frac{\omega_C}{\omega} = \frac{v}{v_C} = 0.64$$

即:

$$v = 0.64 v_C \text{ 或 } v_C = 1.56 v$$

建立 0-0 断面和 2-2 断面的能量方程:

$$H = \frac{\alpha v^2}{2g} + \zeta_{进口} \frac{v^2}{2g}$$

式中,$\zeta_{进口}$ 取直角进口的局部阻力系数,$\zeta_{进口} = 0.5$。

解得:

$$v = 3.61 \text{m/s}, v_C = 5.64 \text{m/s}$$

建立 0-0 和 $C\text{-}C$ 断面的能量方程:

$$H = \frac{p_C}{\gamma} + \frac{\alpha_C v_C^2}{2g} + 0.06 \frac{v_C^2}{2g}$$

得到:

$$\frac{p_C}{\gamma} = 1 - (1 + 0.06) \frac{v_C^2}{2g} = -0.72 \text{m 水柱}$$

即 $C\text{-}C$ 断面处于真空状态。

认为 $C\text{-}C$ 断面压强与铅直玻璃管液面压强相等,且 3-3 断面为等压面,则有:

$$p_C + \gamma h = 0$$

解得:

$$h = 0.72 \text{m}$$

【例 4-7】 如图 4-25 所示的输水管路,2-2 断面和 3-3 断面处分别安装有测压管,两断面之间有阀门控制流量。若阀门开度减小(流速 v 减小),问阀门前后两根测压管中的水面如何变化(设流动在阻力平方区)?

解析: 由题意,水箱的 1-1 断面和管路出口的 4-4 断面均属于已知条件较多的断面,建立 1-1 断面和 2-2 断面的能量方程可以得到 h_1 的变化;建立 3-3 断面和 4-4 断面的能量方程可以得到 h_2 的变化。

答案: 以 0-0 为基准面建立 1-1 断面和 2-2 断面的能量方程,并忽略 1-1 断面的流速水头:

$$H = h_1 + \left(1 + \lambda \frac{l_1}{d} + \zeta_{进口}\right) \frac{v^2}{2g}$$

在阻力平方区,λ 只与粗糙度有关,与 Re 无关,因此无论流速如何变化,λ 始终为一常数,因此,当 H、λ 不变时,随着 v 减小,h_1 将增大。

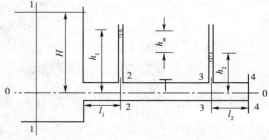

图 4-25 【例题 4-7】图

以 0-0 为基准面建立 3-3 断面和 4-4 断面的能量方程：

$$h_2 = \lambda \cdot \frac{l_2}{d} \cdot \frac{v^2}{2g}$$

所以，当 λ 不变时，随着 v 减小，h_2 将减小。

【例 4-8】 如图 4-26 所示，一自然通风锅炉，烟囱直径 $d = 1\text{m}$，沿程阻力系数 $\lambda = 0.04$，烟囱高度 $H = 38\text{m}$，当烟囱底部要求为 20mm 水柱负压时，烟气流量有多少？已知空气重度 $\gamma_a = 12\text{N/m}^3$，烟气重度 $\gamma = 6\text{N/m}^3$。

解析： 本题重点考查气体能量方程的应用，需注意的是：如方程两边同时采用相对压强计算时，需考虑两断面之间大气压强的变化。

答案： 建立 1-1 断面、2-2 断面以相对压强形式表示的恒定气流的能量方程为：

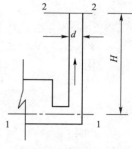

图 4-26 【例题 4-8】图

$$p_1 + \frac{\rho v_1^2}{2} + (\gamma_a - \gamma)(z_2 - z_1) = p_2 + \frac{\rho v_2^2}{2} + p_w$$

式中：p_1——烟囱底部相对压强，$p_1 = -9800 \times 0.02 = -196 \text{N/m}^2$；

p_2——烟囱出口处的相对压强，$p_2 = 0$；

p_w——烟气的能量损失，$p_w = \gamma \cdot \lambda \frac{H}{d} \frac{v^2}{2g} = 6 \times 0.04 \times 38 \times \frac{v^2}{2 \times 9.8} = \frac{9.12}{2 \times 9.8} v^2$；

$z_2 - z_1$——烟囱高度。

烟囱底部断面积很大，$\frac{\rho v_1^2}{2} \approx 0$。则：

$$-196 + 6 \times 38 = \frac{6}{2 \times 9.8} v^2 + \frac{9.12}{2 \times 9.8} v^2 = \frac{15.12}{19.6} v^2$$

解得：

$$v = 6.44 \text{m/s}$$

烟气流量：

$$Q = \frac{1}{4} \pi d^2 \times 6.44 = 5.05 \text{m}^3/\text{s}$$

【例 4-9】 如图 4-27 所示，流速由 v_1 变为 v_3 的突然扩大圆管，为了减小阻力，可分两次扩大，问中间级 v_2 取多大时，所产生的总局部阻力最小，比一次扩大的阻力小多少？

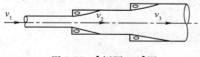

图 4-27 【例题 4-9】图

解析： 本题重点考查圆管突然扩大的局部损失的计算。采用 $h_{m1} = \frac{(v_1 - v_2)^2}{2g}$ 和 $h_{m2} = \frac{(v_2 - v_3)^2}{2g}$ 计算总局部损失，通过求极值得到 v_2，再计算此时的局部损失并与一次扩大情况进行比较。

答案： 圆管两次突然扩大的局部损失之和：

$$h_m = \frac{(v_1 - v_2)^2}{2g} + \frac{(v_2 - v_3)^2}{2g}$$

在 v_1、v_3 不变的前提下,若 h_m 为最小值,则:

$$\frac{\mathrm{d}h_m}{\mathrm{d}v_2} = 0$$

即:

$$\frac{\mathrm{d}h_m}{\mathrm{d}v_2} = \frac{(v_2 - v_3) - (v_1 - v_2)}{g} = \frac{2v_2 - v_1 - v_3}{g} = 0$$

得到:

$$v_2 = \frac{v_1 + v_3}{2}$$

此时:

$$h_m = \frac{\left(v_1 - \dfrac{v_1 + v_3}{2}\right)^2}{2g} + \frac{\left(\dfrac{v_1 + v_3}{2} - v_3\right)^2}{2g}$$

整理得:

$$h_m = \frac{(v_1 - v_3)^2}{4g}$$

所以,此时的局部损失比一次扩大的阻力小一半。

【例 4-10】 如图 4-28 所示,蓄油池通过直径 $d_1 = 50\text{mm}$ 的短管放油,短管中阀门的局部阻力系数为 8.5,弯头的局部阻力系数为 0.8,排出的油通过一局部阻力系数为 0.25 的漏斗下泄,漏斗出口直径 $d_2 = 40\text{mm}$,高 $h = 400\text{mm}$,求流动恒定时的 H 值及流量 Q。

解析:求解时将短管和漏斗作为两个独立的系统计算,分别建立短管和漏斗的能量方程,损失项只考虑局部损失,且忽略油箱和漏斗液面的速度头。需注意:短管进口的局部阻力系数题目中未给出,计算中取 $\zeta = 0.5$。

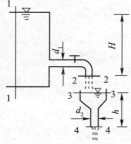

图 4-28 【例题 4-10】图

答案:以短管出口断面 2-2 为基准面,建立 1-1 断面和 2-2 断面的能量方程:

$$H = \frac{v_1^2}{2g} + (0.5 + 8.5 + 0.8)\frac{v_1^2}{2g} = 10.8 \times \frac{v_1^2}{2g}$$

以漏斗出口断面 4-4 为基准面,建立 3-3 断面和 4-4 断面的能量方程:

$$h = \frac{v_2^2}{2g} + 0.25 \times \frac{v_2^2}{2g} = 1.25 \times \frac{v_2^2}{2g}$$

流动恒定时:

$$Q = v_1 \frac{1}{4}\pi d_1^2 = v_2 \frac{1}{4}\pi d_2^2$$

由以上方程得到：

$$v_2 = 2.504 \text{m/s}$$

$$Q = v_2 \frac{1}{4}\pi d_2^2 = 3.15 \text{L/s}$$

$$v_1 = 1.605 \text{m/s}$$

$$H = 10.8 \times \frac{1.605^2}{19.6} = 1.42 \text{m}$$

第五章 孔口、管嘴出流和有压管路

第一节 重点内容

孔口与管嘴出流和有压管路是工程中常见的液流现象。

一、薄壁小孔口的恒定出流

在容器壁上开一孔口,液体从孔口流出的现象叫孔口出流。

如图 5-1 所示,孔壁和液体仅在一条周线上接触,这种孔口称为薄壁孔口;当池中液面恒定时称为孔口恒定出流;当孔口的直径 d(或高度 e)与孔口形心以上的水头 H 相比较很小时($d/H \leq 0.1$),可近似认为孔口断面上各点作用水头都等于 H,这种孔口称为小孔口,当 $d/H > 0.1$ 时,称为大孔口;如果液体通过孔口后流入大气,称为自由出流,若孔口淹没在下游液面以下称为淹没出流。

1. 自由出流

如图 5-2 所示,液体流经孔口时,由于惯性作用,流线收缩,出口后继续收缩,约在距孔口 $d/2$ 处收缩完毕,流线在此趋于平行,称为收缩断面,用 C-C 表示。

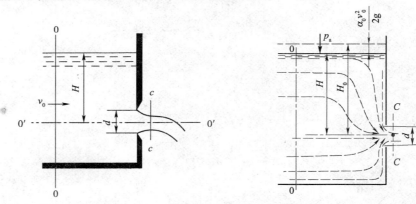

图 5-1 薄壁孔口   图 5-2 孔口自由出流

以 C-C 断面中心点所在的水平面 0′-0′ 作为基准面建立 0-0 和 C-C 断面的能量方程:

$$H + \frac{\alpha_0 v_0^2}{2g} = \frac{\alpha_c v_c^2}{2g} + \zeta_0 \frac{v_c^2}{2g}$$

整理得:

$$H_0 = (\alpha_c + \zeta_0)\frac{v_c^2}{2g}, v_c = \frac{1}{\sqrt{\alpha_c + \zeta_0}}\sqrt{2gH_0} = \varphi \sqrt{2gH_0}$$

其中:
$$H_0 = H + \frac{\alpha_0 v_0^2}{2g}$$

$$\varphi = \frac{1}{\sqrt{\alpha_c + \zeta_0}}$$

式中:H_0——孔口作用水头;

φ——孔口的流速系数;

ζ_0——孔口出流的局部阻力系数。

令 $\varepsilon = \frac{\omega_c}{\omega}$,$\varepsilon$ 称为孔口出流的收缩系数,则:

$$Q = v_c \omega_c = \omega \varepsilon \varphi \sqrt{2gH_0} = \mu\omega\sqrt{2gH_0} \tag{5-1}$$

其中:
$$\mu = \varepsilon\varphi$$

式中:μ——孔口出流的流量系数。

2. 淹没出流

如图5-3所示,孔口淹没在下游液面之下,这种情况称为淹没出流。

以下游液面为基准面建立 1-1 断面和 2-2 断面的能量方程:

$$z + \frac{\alpha_1 v_1^2}{2g} = \frac{\alpha_2 v_2^2}{2g} + \zeta_0 \frac{v_c^2}{2g} + \zeta_{se}\frac{v_c^2}{2g}$$

式中:z——作用水头;

ζ_0——液体从 1-1 断面至 C-C 断面的局部阻力系数;

ζ_{se}——液体从收缩断面 C-C 至 2-2 断面突然扩大的局部阻力系数,当 $\omega_2 >> \omega_c$ 时,$\zeta_{se} \approx 1.0$。

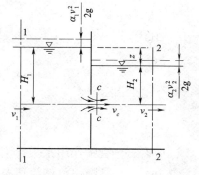

图 5-3 孔口淹没出流

当孔口两侧容器较大时,$\frac{\alpha_1 v_1^2}{2g} \approx \frac{\alpha_2 v_2^2}{2g} \approx 0$,代入上式整理得:

$$z = (\zeta_0 + \zeta_{se})\frac{v_c^2}{2g}$$

即:
$$v_c = \frac{1}{\sqrt{\zeta_{se} + \zeta_0}}\sqrt{2gz} = \frac{1}{\sqrt{1+\zeta_0}}\sqrt{2gz} = \varphi\sqrt{2gz}$$

则:
$$Q = \varepsilon\omega\varphi\sqrt{2gz} = \mu\omega\sqrt{2gz} \tag{5-2}$$

应指出,式(5-1)和式(5-2)中的 μ 值相等。对于薄壁小孔口在完善收缩情况下,$\varepsilon = 0.64$,$\varphi = 0.97$,$\mu = 0.62$,$\zeta_0 = 0.06$。但应注意,在自由出流情况下,孔口的作用水头 H 是液面至孔口形心的深度,而在淹没出流情况下,孔口的作用水头 z 则为孔口上、下游液面差。因此,孔口淹没出流的流速和流量均与孔口在液面下的深度无关,也无"大""小"孔口的区别。

二、管嘴出流

1. 圆柱形外管嘴的恒定出流

如图 5-4 所示,在孔口处接一与孔口直径完全相同的圆柱形短管,长度 $L=(3\sim4)d$,称圆柱形外管嘴。液体进入管嘴后,同样形成收缩,在收缩断面 c-c 处液体与管壁分离,形成旋涡区;然后又逐渐扩大,在管嘴出口断面上,液体已完全充满整个断面。

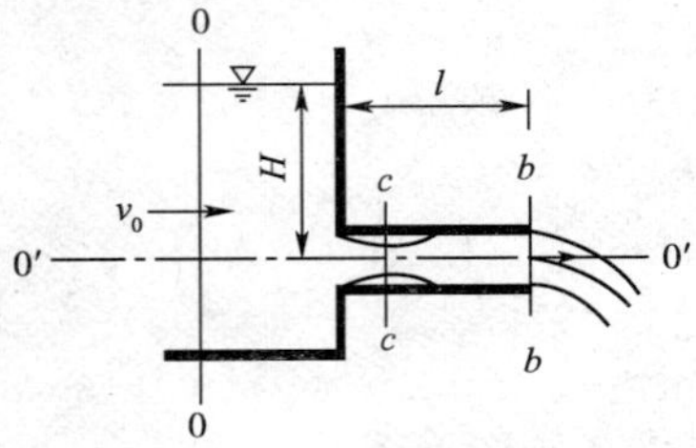

以 $0'$-$0'$ 为基准面建立 0-0 和 b-b 断面的能量方程:

$$H+\frac{\alpha_0 v_0^2}{2g}=\frac{\alpha v^2}{2g}+\zeta_n\frac{v^2}{2g}$$

式中最后一项表示 0-0 断面至 b-b 断面的局部水头损失,取 $\zeta_n=0.5$,则有:

$$H_0=(\alpha+\zeta_n)\frac{v^2}{2g}$$

$$v=\frac{1}{\sqrt{\alpha+\zeta_n}}\sqrt{2gH_0}=\varphi_n\sqrt{2gH_0} \tag{5-3}$$

$$Q=\omega v=\mu_n\omega\sqrt{2gH_0} \tag{5-4}$$

其中:

$$H_0=H+\frac{\alpha_0 v_0^2}{2g}$$

$$\varphi_n=\frac{1}{\sqrt{1+0.5}}=0.82$$

图 5-4 圆柱形外管嘴

式中:H_0——管嘴作用水头;
φ_n——管嘴出流的流速系数;
μ_n——管嘴出流的流量系数,$\mu_n=\varphi_n=0.82$。

2. 圆柱形外管嘴的真空

比较式(5-1)和式(5-3)可知,管嘴出流量是孔口出流量的 1.32 倍。其原因是由于收缩断面的真空作用。

在图 5-4 中建立 0-0 断面和 c-c 断面的能量方程(以 $0'$-$0'$ 为基准面)

$$H+\frac{p_a}{\gamma}+\frac{\alpha_0 v_0^2}{2g}=\frac{p_c}{\gamma}+\frac{\alpha_c v_c^2}{2g}+\zeta_0\frac{v_c^2}{2g}$$

式中:ζ_0——从 0-0 断面到 c-c 断面的局部阻力系数,与孔口出流时的 ζ_0 值相等。

整理得:

$$H_0+\frac{p_a-p_c}{\gamma}=(\alpha_c+\zeta_0)\frac{v_c^2}{2g}$$

则有：
$$v_c = \frac{1}{\sqrt{\alpha_c + \zeta_0}}\sqrt{2g\left(H_0 + \frac{p_a - p_c}{\gamma}\right)} = \varphi\sqrt{2g\left(H_0 + \frac{p_a - p_c}{\gamma}\right)}$$

管嘴流量：
$$Q = v_c \omega_c = \varepsilon\varphi\omega\sqrt{2g\left(H_0 + \frac{p_a - p_c}{\gamma}\right)} = \mu\omega\sqrt{2g\left(H_0 + \frac{p_a - p_c}{\gamma}\right)} \tag{5-5}$$

式中：φ——孔口出流的流速系数；

μ——孔口出流的流量系数，$\mu = 0.62$。

建立 c-c 断面和 b-b 断面的能量方程：
$$\frac{p_c}{\gamma} + \frac{\alpha_c v_c^2}{2g} = \frac{p_a}{\gamma} + \frac{\alpha v^2}{2g} + \frac{(v_c - v)^2}{2g} = \frac{p_a}{\gamma} + \frac{v^2}{2g} + \frac{v_c^2 - 2vv_c + v^2}{2g}$$

整理得：
$$\frac{p_c}{\gamma} = \frac{p_a}{\gamma} + \frac{v^2}{g} - \frac{vv_c}{g}$$

因为 $v_c > v$，所以 $\frac{p_c}{\gamma} < \frac{p_a}{\gamma}$。

故式(5-5)中 $\frac{p_a - p_c}{\gamma}$ 为收缩断面处的真空度。

由式(5-4)和式(5-5)得到：
$$0.82\omega\sqrt{2gH_0} = 0.62\omega\sqrt{2g\left(H_0 + \frac{p_a - p_c}{\gamma}\right)}$$

即：
$$\frac{p_a - p_c}{\gamma} = 0.75H_0 \tag{5-6}$$

式(5-6)说明圆柱形外管嘴收缩断面处真空度可达作用水头的 0.75 倍，即相当于把管嘴的作用水头增大了 75%，这就是相同直径、相同作用水头下的圆柱形外管嘴的流量比孔口大的原因。

若收缩断面的真空度达 7m 水柱以上时，由于液体在低于饱和蒸汽压时发生汽化，以及空气将会自管嘴出口处吸入，从而收缩断面处的真空被破坏，以致管嘴不能保持满管出流而如同孔口出流一样。因此，对收缩断面真空度的限制，决定了管嘴的作用水头有一个极限值：
$$\frac{p_a - p_c}{\gamma} = 0.75H_0 \leq 7\text{m}$$

即：
$$H_0 \leq 9\text{m}$$

其次，管嘴的长度也有一定限制。长度过短，在收缩断面不能形成真空而不能发挥管嘴作用。长度过长，沿程损失增大，流量将减小。所以，圆柱形外管嘴的正常工作条件是：作用水头 $H_0 \leq 9\text{m}$，管嘴长度 $l = (3 \sim 4)d$。

三、短管计算

管路可分为有压管路和无压管路,如管道的整个断面均被流体所充满,管道周界上的各点均受到流体压强的作用且压强一般都不等于大气压强。这种管道称为有压管道。若管道直径和流量沿程不变且无分支,称为简单管道,否则为复杂管道。若有压管道中流体的运动要素不随时间变化,称为有压管道的恒定流;否则称为有压管道的非恒定流。若管路的能量损失以沿程损失为主,其局部损失和流速水头在总能量损失中所占的比重很小,计算时可以忽略不计的管道称为长管;若管路的局部损失及流速水头在总能量损失中占有相当的比重,计算时必须和沿程损失同时考虑而不能忽略的管道称为短管。

工程中一般的气体管路,气流速度远小于音速,气体的密度变化不大,依然作为不可压缩流体处理。由于管内气体的重度与外界空气的重度是相同的数量级,因此应按照恒定气流能量方程式(3-21)、式(3-22)解决气体管路问题,在此不再详述。下面主要讨论液体管路的计算。

1. 自由出流

液体经管路出口流入大气,液体四周均受大气压强作用的情况为自由出流。

如图 5-5 和图 5-6 所示的管路系统,以管路出口断面 2-2 的形心所在水平面作基准面,对 0-0 断面和 2-2 断面建立能量方程:

$$H + \frac{\alpha_0 v_0^2}{2g} = \frac{\alpha v^2}{2g} + h_w$$

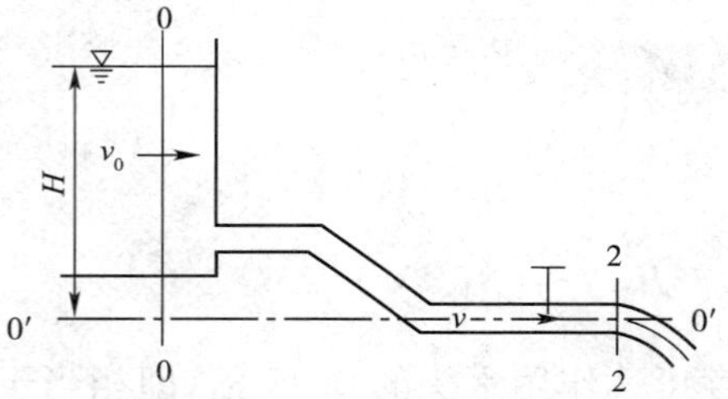

图 5-5 简单管路自由出流 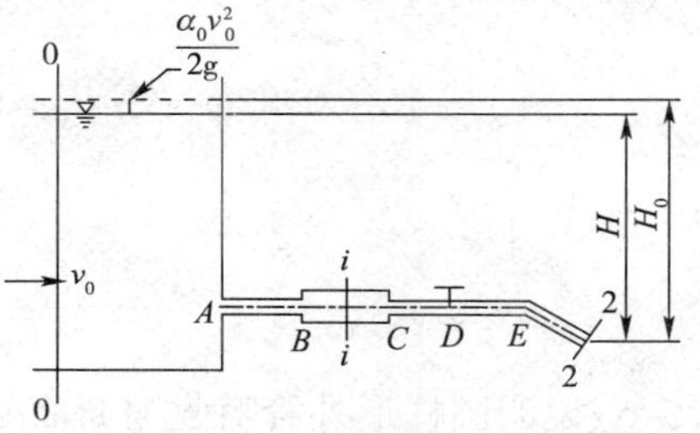　　图 5-6 复杂管路自由出流

令:

$$H + \frac{\alpha_0 v_0^2}{2g} = H_0$$

故有:

$$H_0 = h_w + \frac{\alpha v^2}{2g} \tag{5-7}$$

其中:

$$h_w = \sum h_f + \sum h_m = \sum \left(\lambda_i \frac{l_i}{d_i} \frac{v_i^2}{2g} \right) + \sum \left(\zeta_i \frac{v_i^2}{2g} \right) \tag{5-8}$$

式中:v_0——行近流速;

H_0——包括行近流速水头在内的作用水头;

v——管路出口流速；

h_w——各管段沿程水头损失和局部水头损失之和。

将式(5-8)代入式(5-7)，再根据连续性方程，可得管路出口断面流速 v 和管道流量 Q。

计算时需要注意的问题：

①如果是简单管道，管道直径 d_i 都相等（图 5-5），那么各管段流速 v_i 也相等，若沿程阻力系数 λ_i 也相等，则式(5-8)变为：

$$h_w = \sum h_f + \sum h_m = \lambda \frac{\sum l_i}{d} \frac{v^2}{2g} + (\sum \zeta_i) \frac{v^2}{2g} = \left(\lambda \frac{l}{d} + \sum \zeta_i\right) \frac{v^2}{2g}$$

式中：l——管路总长度。

②如果是串联的复杂管道，各管段直径 d_i 不等（图 5-6），各管段流速 v_i 也不等，若沿程阻力系数 λ_i 也不等，则需要根据连续性方程将各管段流速 v_i 转换为同一个流速，如出口流速 v，则式(5-8)变为：

$$h_w = \sum h_f + \sum h_m = \left[\sum \lambda_i \frac{l_i}{d_i}\left(\frac{\omega}{\omega_i}\right)^2 + \sum \zeta_i \left(\frac{\omega}{\omega_i}\right)^2\right] \frac{v^2}{2g}$$

式中：ω——出口断面面积；

ω_i——其他管段面积；

v——出口流速。

所以，对于简单短管：

$$v = \frac{1}{\sqrt{1 + \lambda \frac{l}{d} + \sum \zeta_i}} \sqrt{2gH_0} \tag{5-9}$$

$$Q = v\omega = \frac{1}{\sqrt{1 + \lambda \frac{l}{d} + \sum \zeta_i}} \omega \sqrt{2gH_0} = \mu_c \omega \sqrt{2gH_0} \tag{5-10}$$

其中：

$$\mu_c = \frac{1}{\sqrt{1 + \lambda \frac{l}{d} + \sum \zeta_i}}$$

对于串联的复杂短管：

$$v = \frac{1}{\sqrt{1 + \sum \lambda_i \frac{l_i}{d_i}\left(\frac{\omega}{\omega_i}\right)^2 + \sum \zeta_i \left(\frac{\omega}{\omega_i}\right)^2}} \sqrt{2gH_0} \tag{5-11}$$

$$Q = v\omega = \frac{1}{\sqrt{1 + \sum \lambda_i \frac{l_i}{d_i}\left(\frac{\omega}{\omega_i}\right)^2 + \sum \zeta_i \left(\frac{\omega}{\omega_i}\right)^2}} \omega \sqrt{2gH_0} = \mu_c \omega \sqrt{2gH_0} \tag{5-12}$$

其中：

$$\mu_c = \cfrac{1}{\sqrt{1+\sum\lambda_i\cfrac{l_i}{d_i}\left(\cfrac{\omega}{\omega_i}\right)^2+\sum\zeta_i\left(\cfrac{\omega}{\omega_i}\right)^2}}$$

式(5-10)、式(5-12)中：μ_c——管系的流量系数。

2．淹没出流

管路的出口如果是淹没在液面以下便称为淹没出流。

如图 5-7 和图 5-8 所示的管路系统，取下游液面作为基准面，建立 1-1 断面和 2-2 断面的能量方程：

$$z+\frac{\alpha_1 v_1^2}{2g}=\frac{\alpha_2 v_2^2}{2g}+h_w$$

式中：z——上、下游液面差。

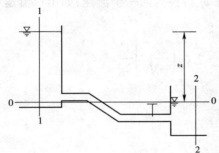
图 5-7　简单管路淹没出流

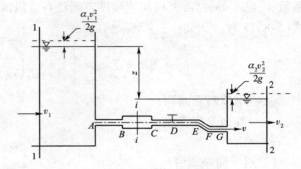
图 5-8　复杂管路淹没出流

相对于管道的流速水头来说，$\dfrac{\alpha_1 v_1^2}{2g}$ 和 $\dfrac{\alpha_2 v_2^2}{2g}$ 可忽略不计，则：

$$z=h_w \tag{5-13}$$

式(5-13)说明短管在淹没出流的情况下，其作用水头 z（即上下游液面差）完全用于克服沿程阻力和局部阻力。

水头损失 h_w 为各管段沿程水头损失和局部水头损失之和，考虑各管段直径有可能相等，也可能不等，同自由出流时的情况一样，将 h_w 的计算公式代入式(5-13)，可以解得流速 v 和流量 Q。

对于管径都相等的简单短管：

$$v=\cfrac{1}{\sqrt{\lambda\cfrac{l}{d}+\sum\zeta_i}}\sqrt{2gz} \tag{5-14}$$

$$Q=v\omega=\cfrac{1}{\sqrt{\lambda\cfrac{l}{d}+\sum\zeta_i}}\omega\sqrt{2gz}=\mu_c\omega\sqrt{2gz} \tag{5-15}$$

其中：

$$\mu_c=\cfrac{1}{\sqrt{\lambda\cfrac{l}{d}+\sum\zeta_i}}$$

对于管径不等的复杂短管：

$$v = \frac{1}{\sqrt{\sum \lambda_i \frac{l_i}{d_i}\left(\frac{\omega}{\omega_i}\right)^2 + \sum \zeta_i \left(\frac{\omega}{\omega_i}\right)^2}} \sqrt{2gz} \tag{5-16}$$

$$Q = v\omega = \frac{1}{\sqrt{\sum \lambda_i \frac{l_i}{d_i}\left(\frac{\omega}{\omega_i}\right)^2 + \sum \zeta_i \left(\frac{\omega}{\omega_i}\right)^2}} \omega \sqrt{2gz} = \mu_c \omega \sqrt{2gz} \tag{5-17}$$

其中：

$$\mu_c = \frac{1}{\sqrt{\sum \lambda_i \frac{l_i}{d_i}\left(\frac{\omega}{\omega_i}\right)^2 + \sum \zeta_i \left(\frac{\omega}{\omega_i}\right)^2}}$$

式中符号含义同前。

比较式(5-10)和式(5-15)、式(5-12)和式(5-17)，可以看出，淹没出流时的有效水头是上下游液面差 z，而自由出流时是出口中心以上的水头 H；其次，两种出流情况下流量系数 μ_c 的计算公式形式上虽然不同，但数值是相等的，因为淹没出流时，μ_c 计算公式的分母上虽然较自由出流时少了一项 $\alpha(\alpha=1)$，但淹没出流时 $\sum \zeta_i$ 或 $\sum \zeta_i \left(\frac{\omega}{\omega_i}\right)^2$ 中却比自由出流时多一个出口局部阻力系数 $\zeta_{出口} = 1.0$。

3. 水头线的绘制

（1）总水头线和测压管水头线的绘制步骤

①计算各项局部水头损失和各管段的沿程水头损失（若要求定性绘制，该步骤可略去）。

②从管道进口断面的总水头依次减去各项水头损失，得到各断面的总水头值，连接成总水头线。绘制时假定沿程损失均匀分布在整个管段上，假定 h_m 集中发生在边界改变处。

③由总水头线向下减去各管段的流速水头，得测压管水头线。在等直径管段中，测压管水头线与总水头线平行。

（2）注意事项

①进口和出口：由于管道进口处存在局部水头损失，所以在通常忽略行近流速水头的情况下，总水头线的起点应在上游液面下方，如图5-9a)所示。在自由出流时，测压管水头线的终点应落在出口断面的形心上；淹没出流时，应落在下游液面上。如图5-9b)、c)所示。

②在没有额外的能量输入时，总水头线总是下降的；在有额外能量输入处，总水头线突然抬高。

③测压管水头线可能升高（突然扩大管段），也可能降低。

4. 短管的计算问题

短管计算问题有以下三类：

①已知 Q、d、l、λ、$\sum \zeta$，求 H_0；
②已知 d、H_0、l、λ、$\sum \zeta$，求 Q；
③已知 Q、H_0、l、λ、$\sum \zeta$，求 d。

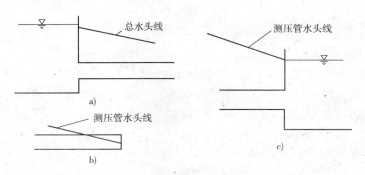

图 5-9 水头线起点和终点

①、②类问题可以直接求解，第③类问题需试算，可采用下列步骤进行（以简单管路自由出流为例）：

假设 $d \xrightarrow{\mu_c = \dfrac{1}{\sqrt{1+\lambda\dfrac{l}{d}+\Sigma\zeta_i}}} \mu_c \xrightarrow{Q=\mu_c\dfrac{1}{4}\pi d^2\sqrt{2gH_0}} d_{计}$，至 $d = d_{计}$ 为止。

5. 工程实例

（1）虹吸管

若管道轴线的一部分高于上游自由液面，这样的管道称为虹吸管，如图 5-10 所示。工程中虹吸管常用于跨越高地输水。

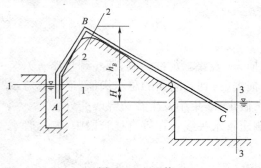

图 5-10 虹吸管

由于虹吸管一部分高出上游供水池的自由水面，必然存在真空区段。真空的存在将使溶解在水中的空气分离出来。如真空度很大，还可能出现汽化现象。分离出来的空气和汽化后的水蒸气积聚在虹吸管顶部，会破坏水流的连续性。工程上，为保证虹吸管能正常工作，一般限制管中最大真空度不超过允许值 $[h_v]=7\sim8$m 水柱。

可以直接应用式（5-10）、式（5-12）进行虹吸管的水力计算，或通过建立能量方程求出未知量。

（2）带有水泵的管路系统计算

带有水泵的管路系统计算包括吸水管和压力水管的计算。吸水管属于短管，压力水管则根据不同情况按短管或长管计算。主要计算内容有：确定吸水管和压力水管的管径，计算水泵安装高程，计算水泵的扬程。

和虹吸管类似，当水泵进口压强小于该温度下的汽化压强时，水会汽化，同时形成大量气泡，气泡随着水流进入水泵内高压部位，会突然溃灭，周围的水以很大速度冲向气泡溃灭点，在该点造成高达数百大气压的压强，这种集中在极小面积上的强大冲击力如果作用在水泵部件表面，就会使部件很快损坏，这种现象称为气蚀。为确保水泵正常工作，必须限制水泵进口处的真空度不大于允许真空高度 $[h_v]$。

① 确定吸水管和压力水管的管径。

管径一般根据经济流速 v 确定。通常吸水管的经济流速约为 $0.8\sim2.0$m/s，压力水管的

经济流速约为 $1.5\sim2.5\mathrm{m/s}$。如果管道的流量 Q 一定,流速为 v,则根据连续性方程可以求出管道直径 d:

$$d = \sqrt{\frac{4Q}{\pi v}} \tag{5-18}$$

具体计算时,首先在经济流速范围内假定某一流速值,由上式计算出管径。但需注意,计算出的管径不一定是标准管径,所以应选取与计算值较接近的标准管径,并验算由标准管径得到流速是否仍在经济流速范围内。

②确定水泵的最大允许安装高程 z_s。

水泵的最大允许安装高程 z_s 主要取决于水泵的最大允许真空度 $[h_v]$ 和吸水管的水头损失。

如图 5-11 所示,以水池水面为基准面,对 1-1 断面及水泵进口 2-2 断面建立能量方程,得:

$$0 + \frac{p_a}{\gamma} + 0 = z_s + \frac{p_2}{\gamma} + \frac{\alpha_2 v_{吸}^2}{2g} + h_{w吸} \tag{5-19}$$

则:

$$z_s = \frac{p_a - p_2}{\gamma} - \frac{\alpha_2 v_{吸}^2}{2g} - \lambda \frac{l}{d}\frac{v_{吸}^2}{2g} - \sum \zeta_i \frac{v_{吸}^2}{2g} \tag{5-20}$$

式中:$v_{吸}$——吸水管流速;

$\dfrac{p_a - p_2}{\gamma}$——2-2 断面的真空度,不能大于水泵允许真空度 $[h_v]$。

所以:

$$z_s \leq [h_v] - \left(\alpha_2 + \lambda \frac{l}{d} + \sum \zeta_i\right)\frac{v_{吸}^2}{2g} \tag{5-21}$$

③计算水泵的扬程 H_t。

水泵的扬程 H_t 是水泵向单位重量液体所提供的机械能,单位为 m。由于获得外加能量,水流经过水泵时总水头线突然升高(图 5-11)。扬程 H_t 的计算公式可直接由能量方程得到。

在图 5-11 中,以 0-0 为基准面建立 1-1 断面和 4-4 断面的能量方程:

$$H_t = z + h_{w1-4}$$

式中:h_{w1-4}——水流从 1-1 断面至 4-4 断面间的全部水头损失,包括吸水管的水头损失 $h_{w吸}$ 和压力水管的水头损失 $h_{w压}$;

z——提水高度。

故总扬程:

$$H_t = z + h_{w吸} + h_{w压} \tag{5-22}$$

式(5-22)表明,水泵向单位重量液体所提供的机械能,一方面是用来将水流提高一个几

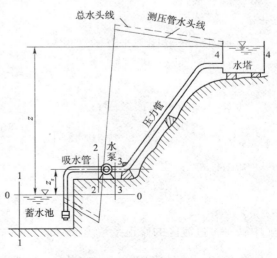

图 5-11 水泵抽水系统

何高度 z，另一方面是用来克服吸水管和压力水管的水头损失。

四、长管计算

1. 简单管路

(1) 水头线的绘制

长管的总水头线和测压管水头线重合，起点为上游液面点，终点为出口中心点，如图 5-12 所示。

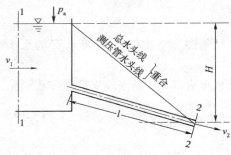

图 5-12 长管的水头线

(2) 计算公式

建立图 5-13 中 1-1 和 2-2 断面的能量方程：

$$H = h_f = \lambda \frac{l}{d} \frac{v^2}{2g} \tag{5-23}$$

长管的计算问题与短管一样，仍为 Q、H、d 三个量知其二求其一。

下面介绍按比阻计算的方法。

将 $v = \dfrac{4Q}{\pi d^2}$ 代入式(5-23)得：

$$H = \lambda \frac{l}{d} \frac{16Q^2}{2g\pi^2 d^4} = \frac{8\lambda}{g\pi^2 d^5} l Q^2$$

令 $A = \dfrac{8\lambda}{g\pi^2 d^5}$，则：

$$H = AlQ^2 \tag{5-24}$$

式中：A——比阻，与 λ 有关。

① 计算比阻的专用公式：对于旧钢管、旧铸铁管，采用舍维列夫公式计算 λ，并代入 $A = \dfrac{8\lambda}{g\pi^2 d^5}$ 得到：

当 $v \geq 1.2\text{m/s}$（阻力平方区）时：

$$A = \frac{0.001736}{d^{5.3}} \tag{5-25a}$$

当 $v < 1.2\text{m/s}$（过渡区）时：

$$A' = 0.852 \left(1 + \frac{0.867}{v}\right)^{0.3} \left(\frac{0.001736}{d^{5.3}}\right) = kA \tag{5-25b}$$

其中：

$$k = 0.852 \left(1 + \frac{0.867}{v}\right)^{0.3}$$

式中：k——过渡区的修正系数。

② 计算比阻的通用公式：工程上一般选用曼宁公式计算 λ。将 $C = \dfrac{1}{n} R^{1/6}$ 和 $\lambda = \dfrac{8g}{C^2}$ 代入

$A = \dfrac{8\lambda}{g\pi^2 d^5}$,得:

$$A = \frac{10.3n^2}{d^{5.33}} \tag{5-26}$$

由式(5-24)~式(5-26)很容易解决长管的计算问题。

2. 串联管路

(1) 定义

由直径不同的几根管段依次连接的管路称为串联管路。如图 5-13 所示,图中有分流的两管段的交点称为节点(三根或三根以上管段的交点也是节点)。

(2) 计算原则

①损失条件。串联管路的总作用水头等于各管段水头损失的总和,对于图 5-13 所示的管路系统按长管计算时:

$$H = h_{f1} + h_{f2} + h_{f3}$$

②流量条件。节点处应满足连续性方程,对于图 5-14 所示的管路系统:

$$Q_1 = Q_2 + q_1, \quad Q_2 = Q_3 + q_2$$

3. 并联管路

(1) 定义

在两节点之间并设两条或两条以上的管路称为并联管路。如图 5-14 中 AB 段就是由 3 条管段组成的并联管路。

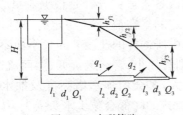
图 5-13 串联管路

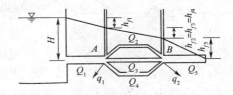
图 5-14 并联管路

(2) 计算原则

①损失条件。并联管路的水头损失相等。对于图 5-15 中 AB 两节点之间的管路满足:

$$h_{f2} = h_{f3} = h_{f4} = h_{fAB}$$

对于图 5-14 所示的整个管路系统满足总作用水头等于各管段水头损失的总和:

$$H = h_{f1} + h_{fAB} + h_{f5}$$

②流量条件。节点处应满足连续性方程,对于图 5-15 所示的管路系统:

$$Q_1 = Q_2 + Q_3 + Q_4 + q_1$$
$$Q_2 + Q_3 + Q_4 = Q_5 + q_2$$

4. 分叉管路

(1) 定义

由一根总管分成数根支管,分叉后不再汇合的管道,称为分叉管道。如图 5-15 所示。

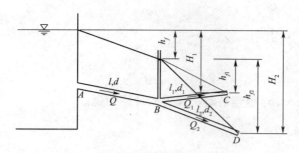

图 5-15 分叉管路

(2) 计算原则

①损失条件。对于图 5-15 中的 ABC 串联管路：

$$H_1 = h_f + h_{f1} = AlQ^2 + A_1 l_1 Q_1^2$$

对于 ABD 串联管路：

$$H_2 = h_f + h_{f2} = AlQ^2 + A_2 l_2 Q_2^2$$

②流量条件。节点（图 5-15 中 B 点）处应满足连续性方程，即：

$$Q = Q_1 + Q_2$$

五、管网计算基础

输水管网按其布置形式可分为枝状管网和环状管网两种。

枝状管网是由干管和支管组成的树枝状管网,如图 5-16a)所示。环状管网是各管段首尾相连组成若干个闭合环形的管网,如图 5-16b)所示。管网通常按长管计算。

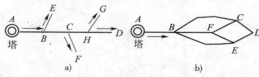

图 5-16 枝状管网和环状管网

管网内各管段的管径是根据流量 Q 及流速 v 两者来决定的。在流量 Q 一定的条件下,管径随着在计算中所选择的速度 v 的大小而不同。如果流速大,则管径小,管路造价低;然而流速大,导致水头损失大,又会增加水塔高度及抽水的经常费用。反之,如果流速小,管径便大,管路造价高;但是,流速的降低会减少水头损失,从而减小了水塔高度及抽水的经常费用。所以在确定管径时,应作经济比较,采用一定的流速使得供水的总成本(包括铺筑水管的建筑费、抽水机站建筑费、水塔建筑费及抽水经常运营费之总和)最低,这种流速称为经济流速 v_e。

对于中小直径的给水管路,一般情况下：

当直径 $D = 100 \sim 400$mm 时,$v_e = 0.6 \sim 1.0$m/s;

当直径 $D > 400$mm 时,$v_e = 1.0 \sim 1.4$m/s。

1. 枝状管网计算

枝状输水管网的计算,可分为新建给水系统的设计及扩建已有给水系统的设计两种情形。

(1) 新建给水系统的设计

设计问题一般是：已知管路沿线地形、各管段长度 l、通过的流量 Q 和端点要求的自由水头 H_z（压强水头）,要求确定管路的各段直径 d 及水塔的高度 H_t。

对于枝状管网,从水塔到管网中任意一支管路的末端点均为串联管路。具体计算可按下列步骤进行：

①按经济流速确定管径。计算时首先假定经济流速,根据经济流速和各管段的已知流量计算各管段管径。根据计算所得的管径选取标准管径,最后验算标准管径对应的流速是否在经济流速范围内。

②计算各段管路的水头损失 h_{fi}。

③确定控制点。控制点应满足:水塔至该点的水头损失、该点地形高程和该点要求的自由水头三项之和为最大值。

④建立水塔和控制点处的能量方程（按长管计算）,得到水塔高度 H_t 的计算公式：

$$H_t = \sum h_{f塔-控} + H_{z控} + \nabla_{控} - \nabla_{塔}$$

式中：$\sum h_{f塔-控}$——从水塔到管网控制点的总水头损失；

$H_{z控}$——控制点的自由水头；

$\nabla_{控}$——控制点的地形高程；

$\nabla_{塔}$——水塔处的地形高程。

(2) 扩建已有给水系统的设计

设计问题一般是：已知管路沿线地形、水塔高度 H_t、各管段长度 l 及流量 Q、各用水点的自由水头 H_z,要求确定各管段管径。

因水塔已建成,若用前述经济流速计算管径,不一定能满足供水需求,对此情况,一般按下列步骤计算：

①计算各条扩建管线(从水塔到某一分支端点或某一节点为一条计算线路,当节点处无自由水头要求且地形较平坦时,通常取从水塔到某一分支端点为一条计算线路)的平均水力坡度,采用下式计算：

$$\bar{J} = \frac{(\nabla_{塔} + H_t) - (\nabla_i + H_{zi})}{\sum l_i}$$

式中：∇_i——某一分支端点（或某一节点）处的地形高程；

H_{zi}——该点处对应的自由水头；

$\sum l_i$——从水塔至该点的管线总长度。

②选择平均水力坡度 $\bar{J}$ 最小的那条扩建管线作为控制干线。假定控制干线上水头损失均匀分配,即各段水力坡度相等,计算控制干线各管段比阻：

$$A_i = \frac{\bar{J}}{Q_i^2}$$

③按照求得的比阻值反算各管段直径。若计算出的直径不是标准直径,可采用串联管路,并使这些管段的组合正好满足在给定水头下通过需要的流量。

④计算控制干线各节点的水头,并以此为准继续设计各支管管径。

2. 环状管网水力计算

计算环状管网时,通常是已确定了管网的管线布置和各管段的长度,并且管网各节点的流量为已知。因此,环状管网的计算就是确定各管段通过的流量 Q 和管径 d 以及各段的水头损失 h_f。

环状管网的计算应遵循以下两条准则：

①对于各节点,流向节点的流量应等于由此节点流出的流量(即连续性原理)。如以流向

节点的流量为正值,离开节点的流量为负值,则两者的总和应等于零,即在各节点处满足 $\sum Q_{流入} = \sum Q_{流出}$。

②在任何一个封闭环路内,若顺时针方向水流引起的水头损失为正值,逆时针方向水流引起的水头损失为负值,则两者的总和应等于零。即在各个环内满足 $\sum h_{fi} = 0$。

工程上常采用逐次渐近法计算环状管网,步骤如下:

①在符合每个节点 $\sum Q_{流入} = \sum Q_{流出}$ 的原则下,拟定各管段的水流方向和流量,根据拟定的流量按经济流速选择各管段的直径。

②计算各段管路的水头损失 h_{fi}。

③对每一闭合环路,若顺时针方向的水头损失为正,逆时针方向的水头损失为负,计算环路闭合差 $\sum h_{fi}$。这一 $\sum h_{fi}$ 值在首次试算时一般是不会等于零的。

④当 $\sum h_{fi} \neq 0$ 时,即最初分配流量不满足闭合条件时,在各环路加入校正流量 ΔQ:

$$\Delta Q = -\frac{\sum h_{fi}}{2\sum A_i l_i Q_i} = -\frac{\sum h_{fi}}{2\sum \frac{A_i l_i Q_i^2}{Q_i}} = -\frac{\sum h_{fi}}{2\sum \frac{h_{fi}}{Q_i}}$$

按上式计算时,为使 Q_i 和 h_{fi} 取得一致符号,特规定环路内水流以顺时针方向为正,逆时针方向为负。若计算所得 ΔQ 为正,说明在环路内为顺时针方向流动;若为负,则说明 ΔQ 在环路内逆时针方向流动。

⑤将 ΔQ 与各管段第一次分配流量相加得第二次分配流量,再重复上述步骤,直到满足所要求的精度,通常重复3~5次即可达到要求,必要时还得调整管径。

第二节 典型例题

【例5-1】 如图5-17所示的孔口恒定出流,已知密闭水箱液面的相对压强 $p = 0.5$ 个工程大气压,$h_1 = 2m$,两个孔口直径分别为 $d_1 = 40mm$,$d_2 = 30mm$,$h_3 = 1m$,求 h_2 和流量 Q。

解析: 本题考查孔口流量的计算,需注意侧壁上的孔口为淹没出流,由于左侧水箱液面作用的相对压强为0.5个工程大气压,因此侧壁孔口的作用水头为 $h_1 + \frac{p}{\gamma}$。底部孔口为自由出流,作用水头为 $h_2 + h_3$。

答案: 根据孔口自由出流和淹没出流的计算公式和恒定流条件,有下列公式成立:

$$\begin{cases} Q_1 = \mu\omega_1 \sqrt{2g\left(h_1 - h_2 + \frac{p}{\gamma}\right)} \\ Q_2 = \mu\omega_2 \sqrt{2g(h_2 + h_3)} \\ Q_1 = Q_2 \end{cases}$$

联立解得:

$h_2 = 5.08m$,$Q = 4.78L/s$

【例5-2】 如图5-18所示,某水池壁厚20cm,两侧壁上各有一直径 $d = 60mm$ 的圆孔(两孔在同一水平面上),水池的来水量 $Q = 30L/s$,通过两侧壁的圆孔流

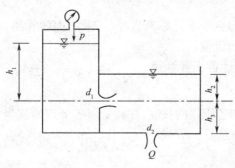

图5-17 【例题5-1】图

出。为了调节流量,池内设有隔板,隔板上孔口的直径与侧壁圆孔直径相同,写出计算 Q_1、Q_2、$Q_孔$、H_1、H_2 的所有方程式。

解析: 水流通过两侧壁的圆孔流出属于管嘴出流,通过池内隔板流出属于孔口出流,对于恒定流满足:$Q_孔 = Q_2$,$Q = Q_1 + Q_2$。

答案: 由管嘴出流、孔口出流的计算方法及恒定流条件可以写出下列方程:

$$Q_1 = \mu_n \omega \sqrt{2gH_1}$$
$$Q_2 = \mu_n \omega \sqrt{2gH_2}$$
$$Q_孔 = \mu \omega \sqrt{2g(H_1 - H_2)}$$
$$Q_孔 = Q_2$$
$$Q = Q_1 + Q_2$$

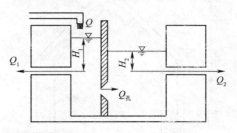

图 5-18 【例题 5-2】图

解得:
$$Q_1 = 18.7 \text{L/s}, Q_2 = 11.3 \text{L/s}$$

【**例 5-3**】 如图 5-19 所示,一直径不变的输水管道连接两水池,已知管道直径 $d = 0.3\text{m}$,全管长 $l = 90\text{m}$,沿程阻力系数 $\lambda = 0.03$,局部阻力系数 $\zeta_{进口} = 0.5$,$\zeta_{弯头} = 0.3$,$h_2 = 2.3\text{m}$,U 形水银测压计液面差 $\Delta h = 0.5\text{m}$,较低的水银液面距离管轴 1.5m,试确定:

(1) 通过管道的流量 Q 以及两水池水面差 z。
(2) 定性绘制总水头和测压管水头线。

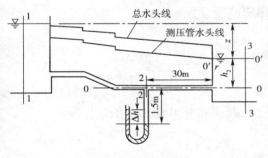

图 5-19 【例题 5-3】图

解析: 本题重点考查简单管路淹没出流的水力计算以及利用测压计计算动水压强的方法,前者可以直接引用简单管路淹没出流的计算公式或列出两水箱的能量方程;后者需掌握均匀流或渐变流同一过流断面上动压强符合静压分布规律的重要概念,找出等压面后按静水压强的计算方法得到 2-2 断面压强。

答案: U 形水银测压计中水与水银的接触面所在的水平面为等压面,则有:
$$p_2 + 1.5\gamma = 13.6\gamma\Delta h$$
$$p_2 = 13.6\gamma\Delta h - 1.5\gamma = 5.94 \text{kN/m}^2$$

以 0-0 为基准面建立 2-2 断面和 3-3 断面的能量方程:
$$\frac{p_2}{\gamma} + \frac{\alpha v^2}{2g} = h_2 + \lambda \frac{30}{d} \frac{v^2}{2g} + \frac{v^2}{2g}$$
$$\frac{p_2}{\gamma} = h_2 + 3\frac{v^2}{2g}$$

解得:
$$v = 4.43 \text{m/s}, Q = v\omega = 0.313 \text{m}^3/\text{s}$$

以 0'-0' 为基准面建立 1-1 断面和 3-3 断面的能量方程:
$$z = h_w = \lambda \frac{l_总}{d} \frac{v^2}{2g} + (\zeta_{进} + 2\zeta_弯 + \zeta_出)\frac{v^2}{2g} = \left(0.03 \times \frac{90}{0.3} + 0.5 + 0.6 + 1\right)\frac{v^2}{2g} = 11.1\text{m}$$

总水头线和测压管水头线如图 5-19 所示。

【例 5-4】 如图 5-20 所示,有一从水库引水灌溉的虹吸管,管径 $d=15\text{cm}$,管中心最高点高出水库水位 3m,管段 AB(包括进口)的水头损失 $h_{w1}=2.5\dfrac{v^2}{2g}$($v$ 为管中流速),管段 BC 的水头损失 $h_{w2}=\dfrac{v^2}{2g}$,若限制管道最大真空度不超过 6m 水柱,问:

(1)虹吸管引水流量有无限制?如有,最大值为多少?

(2)水库水面至虹吸管出口高差 h 有无限制?如有,最大值为多少?

解析: 管中流量越大,流速越大,则管路最大真空高度亦越大;而流量与作用水头 h 有关,作用水头越大,流量亦越大。解题时由能量方程建立流量与作用水头以及虹吸管最大真空度之间的关系,找出流量、作用水头的限制条件。

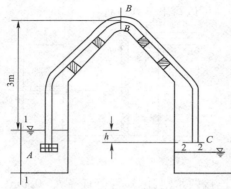

图 5-20 【例题 5-4】图

答案: (1)建立水库 1-1 断面和管路出口 2-2 断面的能量方程:

$$h=\dfrac{\alpha v^2}{2g}+2.5\dfrac{v^2}{2g}+\dfrac{v^2}{2g} \quad (\text{取 } \alpha=1)$$

$$h=4.5\dfrac{v^2}{2g}$$

(2)管路真空度最大值位于最高点 B 处,建立 1-1 断面和 B-B 断面的能量方程:

$$0=3+\dfrac{p_B}{\gamma}+\dfrac{\alpha v^2}{2g}+2.5\dfrac{v^2}{2g} \quad (\text{取 } \alpha=1)$$

整理得:

$$\dfrac{p_B}{\gamma}=-3-3.5\dfrac{v^2}{2g}$$

则 3-3 断面的真空度:

$$\dfrac{p_{Bv}}{\gamma}=3+3.5\dfrac{v^2}{2g}$$

将 $\dfrac{p_{Bv}}{\gamma}=6\text{m}$ 代入上式,得到:

$$v=4.1\text{m/s}$$

$$Q=v\dfrac{1}{4}\pi d^2=4.1\times\dfrac{1}{4}\times 3.14\times 0.15^2=0.0724\text{m}^3/\text{s}$$

水库水面至虹吸管出口高差:

$$h=4.5\dfrac{v^2}{2g}=4.5\times\dfrac{4.1^2}{19.6}=3.86\text{m}$$

故若限制管道最大真空度不超过 6m 水柱,则引水流量 $Q \leq 0.0724\text{m}^3/\text{s}$,作用水头 $h \leq 3.86\text{m}$。

【例 5-5】 如图 5-21 所示两条输水管路,管径 d、管长 l、管材及作用水头 H 完全一样,但出口面积不同,图 5-21a)出口断面不收缩,图 5-21b)出口为一收缩管嘴。假设不计收缩的局部损失,试分析:

(1)哪一种情况出口流速大?
(2)哪一种情况泄流量大?

解析: 两种情况下管路出口断面的压强相同但面积不等,需建立水箱与出口断面的能量方程得到出口断面流速,继而得到流量,注意对图 5-21b)建立能量方程时,出口流速与管中流速不相等,需同时应用连续性方程。

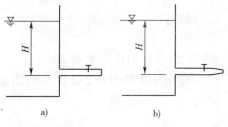

图 5-21 【例题 5-5】图

答案: 图 5-21a)中出口断面流速与管中流量可直接应用式(5-9)、式(5-10):

$$v_1 = \frac{1}{\sqrt{1 + \lambda \dfrac{l}{d} + \zeta_{\text{进}}}} \sqrt{2gH}$$

$$Q_1 = v_1 \omega = \frac{1}{\sqrt{\dfrac{1}{\omega^2}\left(1 + \lambda \dfrac{l}{d} + \zeta_{\text{进}}\right)}} \sqrt{2gH}$$

图 5-21b)中出口断面流速与管中流量可直接应用式(5-11)、式(5-12):

$$v_2 = \frac{1}{\sqrt{1 + \lambda \dfrac{l}{d}\left(\dfrac{\omega_{\text{出}}}{\omega}\right)^2 + \zeta_{\text{进}}\left(\dfrac{\omega_{\text{出}}}{\omega}\right)^2}} \sqrt{2gH}$$

$$Q_2 = v_2 \omega_{\text{出}} = \frac{1}{\sqrt{\dfrac{1}{\omega_{\text{出}}^2} + \lambda \dfrac{l}{d}\dfrac{1}{\omega^2} + \zeta_{\text{进}}\dfrac{1}{\omega^2}}} \sqrt{2gH}$$

由于 $\omega_{\text{出}} < \omega$,比较 v_1 与 v_2 得出结论:图 5-21b)出口流速大;比较 Q_1 与 Q_2 得出结论:图 5-21a)出流量大。

【例 5-6】 如图 5-22 所示输水管路,已知:管径 $d=10\text{cm}$,管长 $l_1=5\text{m}$,$l_2=10\text{m}$,局部阻力系数 $\zeta_{\text{进口}}=0.5$,沿程阻力系数 $\lambda=0.022$,测压管液面距离管轴 $h=2\text{m}$,若在管路出口处加上直径为 5cm 的管嘴,设管嘴的水头损失可忽略,求加管嘴后的 h(假定流动在阻力平方区)。

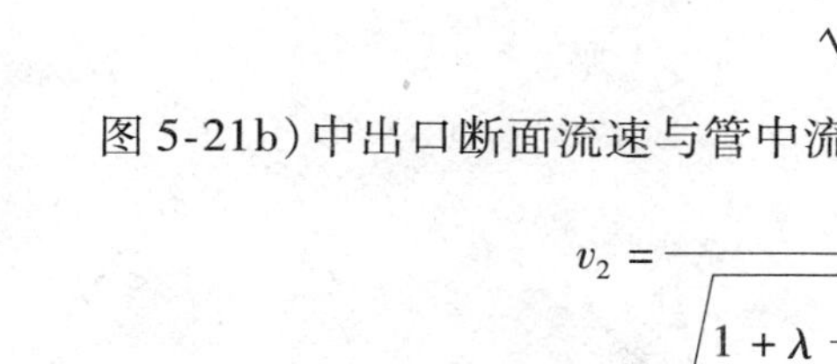

解析: 加管嘴后管路中流速、压强均发生变化,出口断面流速也发生变化,但是加管嘴后水箱作用水头 H 不变。首先通过能量方程计算加管嘴前出口断面流速与水箱作用水头 H,在 H 不变的条件下再计算加管嘴后出口断面流速与 h。

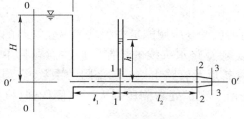

图 5-22 【例题 5-6】图

答案:(1)求加管嘴前管内流速 v_1

建立 1-1 断面和 2-2 断面的能量方程:

$$h + \frac{\alpha_1 v_1^2}{2g} = \frac{\alpha_1 v_1^2}{2g} + \lambda \frac{l_2}{d}\frac{v_1^2}{2g}$$

解得:

$$v_1 = 4.22 \text{m/s}$$

(2)求水箱作用水头 H

建立 0-0 断面和 2-2 断面的能量方程:

$$H = \frac{\alpha_1 v_1^2}{2g} + \left(\lambda \frac{l_1 + l_2}{d} + \zeta_{\text{进}}\right)\frac{v_1^2}{2g} = 4.36 \text{m}$$

或建立 0-0 断面和 1-1 断面的能量方程:

$$H = 2 + \frac{\alpha_1 v_1^2}{2g} + \left(\lambda \frac{l_1}{d} + \zeta_{\text{进}}\right)\frac{v_1^2}{2g} = 4.36 \text{m}$$

(3)求加管嘴后管内流速 v_2

建立 0-0 断面和 3-3 断面的能量方程:

$$H = \frac{\alpha_3 v_3^2}{2g} + \left(\lambda \frac{l_1 + l_2}{d} + \zeta_{\text{进}}\right)\frac{v_2^2}{2g}$$

由连续性方程得到:

$$v_3 = 4v_2$$

代入上式解得:

$$v_2 = 2.08 \text{m/s}$$

(4)求加管嘴后 h

建立 0-0 断面和 1-1 断面的能量方程:

$$H = h + \frac{\alpha_2 v_2^2}{2g} + \left(\lambda \frac{l_1}{d} + \zeta_{\text{进}}\right)\frac{v_2^2}{2g}$$

解得:

$$h = 3.79 \text{m}$$

同理,建立 1-1 断面和 3-3 断面的能量方程也能得到答案。

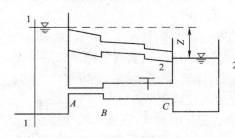

图 5-23 【例题 5-7】图

【例 5-7】 如图 5-23 所示,一串联管路连接两水池,$l_{AB} = 10\text{m}$,$d_{AB} = 5\text{cm}$,$\lambda_{AB} = 0.022$,$l_{BC} = 15\text{m}$,$d_{BC} = 7.5\text{cm}$,$\lambda_{BC} = 0.019$,$\xi_{\text{进口}} = 0.5$,$\xi_{\text{阀门}} = 0.18$,通过流量 $Q = 10\text{L/s}$,求上下游水位差 z,并绘制管路的总水头线和测压管水头线。

解析:本题重点考查应用能量方程求解串联管路的作用水头以及复杂管路水头线的绘制。应注意题目中没有给出圆管突扩以及管路出口的局部阻力系数,需预先掌握。另外,突扩处测压管水头线会突然上升,这是由于突扩处右侧压强大于左侧压强(在此不再证明)。

答案：以 2-2 为基准面建立 1-1 断面、2-2 断面的能量方程,忽略两断面的流速水头：

$$z = \lambda_{AB}\frac{l_{AB}}{d_{AB}}\frac{v_{AB}^2}{2g} + \lambda_{BC}\frac{l_{BC}}{d_{BC}}\frac{v_{BC}^2}{2g} + 0.5\frac{v_{AB}^2}{2g} + \frac{(v_{AB}-v_{BC})^2}{2g} + 0.18\frac{v_{BC}^2}{2g} + \frac{v_{BC}^2}{2g}$$

其中圆管突扩的局部水头损失为 $\frac{(v_{AB}-v_{BC})^2}{2g}$，淹没出流出口的局部水头损失为 $\frac{v_{BC}^2}{2g}$，由连续性方程 $\frac{1}{4}\pi d_{AB}^2 v_{AB} = \frac{1}{4}\pi d_{BC}^2 v_{BC}$，即 $v_{AB} = 2.25 v_{BC}$，代入上式得：

$$z = 0.022 \times \frac{10}{0.05} \times \frac{5.06 v_{BC}^2}{19.6} + 0.019 \times \frac{15}{0.075} \times \frac{v_{BC}^2}{19.6} + 0.5 \times 5.06 \times$$

$$\frac{v_{BC}^2}{19.6} + \frac{1.56 v_{BC}^2}{19.6} + 0.18 \times \frac{v_{BC}^2}{19.6} + \frac{v_{BC}^2}{19.6}$$

$$= (22.26 + 3.8 + 2.53 + 1.56 + 0.18 + 1) \times \frac{v_{BC}^2}{19.6} = 31.33 \times \frac{v_{BC}^2}{19.6}$$

由 $Q = \frac{1}{4}\pi d_{BC}^2 v_{BC}$ 得：

$$v_{BC} = \frac{4Q}{\pi d_{BC}^2} = \frac{4 \times 0.01}{3.14 \times 0.075^2} = 2.26 \text{m/s}$$

代入能量方程解得：

$$z = 8.2\text{m}$$

水头线如图 5-23 所示。

【例 5-8】 两水池之间的管路布置如图 5-24 所示,已知管长 $l_1 = l_2 = l_3 = 1000\text{m}$，$d_1 = d_2 = d_3 = 40\text{cm}$，粗糙系数 $n = 0.012$，$\Delta z = 12.5\text{m}$。求：A 池流入 B 池的流量(按长管计算)。

解析：管路①和②为并联管路,并联后再与管路③串联,由串联管路和并联管路的计算原则列方程联立求解。

答案：由并联管路的计算原则：

$$h_{f(1)} = h_{f(2)}$$

即：

$$\lambda_1 \frac{l_1}{d_1}\frac{v_1^2}{2g} = \lambda_2 \frac{l_2}{d_2}\frac{v_2^2}{2g}$$

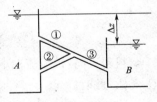

图 5-24 【例题 5-8】图

各管路直径相同,而且 n 值相等,由曼宁公式得到：

$$C_1 = C_2, \lambda_1 = \lambda_2$$

又 $l_1 = l_2$，则：

$$v_1 = v_2, Q_1 = Q_2$$

根据连续性方程,则有：

$$Q_3 = 2Q_1, v_3 = 2v_1$$

由串联管路的计算原则：

$$h_{f(1)} + h_{f(3)} = \Delta z$$

即：

$$\lambda_1 \frac{l_1}{d_1} \frac{v_1^2}{2g} + \lambda_3 \frac{l_3}{d_3} \frac{v_3^2}{2g} = \Delta z$$

由于 $\lambda_1 = \lambda_3, l_1 = l_3$，则：

$$5\lambda_1 \frac{l_1}{d_1} \frac{v_1^2}{2g} = \Delta z$$

将 $C = \frac{1}{n} R^{1/6} = \frac{1}{0.012} \times \left(\frac{0.4}{4}\right)^{1/6} = 56.774$ 以及 $\lambda = \frac{8g}{c^2} = 0.0243$ 代入上式：

$$5 \times 0.0243 \times \frac{1000}{0.4} \times \frac{v_1^2}{2g} = 12.5$$

解得：

$$v_1 = 0.898 \text{m/s}$$

$$Q = 2 \times 0.898 \times \frac{1}{4} \pi d_1^2 = 225.7 \text{L/s}$$

【例 5-9】 如图 5-25 所示管路系统，管段长度 l 和直径 d 以及各水面高程在图中标出，已知各管的粗糙系数 $n = 0.0125$，试求各管段的流量 Q（按长管计算）。

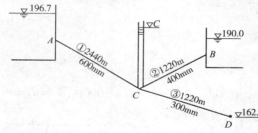

图 5-25 【例题 5-9】图

解析：由于节点 C 处水头未知，所以管路中水流流向尚不明确，需首先判别流向。若 C 处水头高于 190.0m，则流向为由 A 流向 C，再由 C 流向 B 和 D。若 C 处水头低于 190.0m，则流向为由 A、B 同时流向 C，再由 C 流向 D。

答案：由 $R = \frac{d}{4}, C = \frac{1}{n} R^{\frac{1}{6}}, \lambda = \frac{8g}{C^2}$ 得到：

$$\lambda_1 = 0.023, \lambda_2 = 0.027, \lambda_3 = 0.029$$

判别流向：水流流向取决于 C 处测压管水面标高 ∇_C。首先假定 $\nabla_C = 190.0$，则有 $Q_2 = 0$，$Q_1 = Q_3$，此时满足：

$$\begin{cases} 196.7 - 190 = \lambda_1 \dfrac{l_1}{d_1} \dfrac{v_1^2}{2g} \\ 190 - 162.6 = \lambda_3 \dfrac{l_3}{d_3} \dfrac{v_3^2}{2g} \end{cases}$$

解得：

$$\begin{cases} Q_1 = 0.334 \text{m}^3/\text{s} \\ Q_3 = 0.151 \text{m}^3/\text{s} \end{cases}$$

由于 $Q_1 > Q_3$，故假设错误，流向应为由 A 流向 C，再由 C 流向 B 和 D。
由长管的计算原则，联立下列方程：

$$196.7 - \nabla_C = \lambda_1 \frac{l_1}{d_1} \frac{v_1^2}{2g}$$

$$\nabla_C - 190.0 = \lambda_2 \frac{l_2}{d_2} \frac{v_2^2}{2g}$$

$$\nabla_C - 162.6 = \lambda_3 \frac{l_3}{d_3} \frac{v_3^2}{2g}$$

$$Q_1 = Q_2 + Q_3$$

解得：

$$Q_1 = 0.261 \text{m}^3/\text{s}$$
$$Q_2 = 0.1 \text{m}^3/\text{s}$$
$$Q_3 = 0.16 \text{m}^3/\text{s}$$

【例 5-10】 如图 5-26 所示，用长度为 L 的三根平行管路由 A 池向 B 池引水，已知 $d_2 = 2d_1$，$d_3 = 3d_1$，各管粗糙系数 n 相同，试分析三条管路的流量比（按长管计算）。

解析：由粗糙系数计算沿程阻力系数，并找出三根管路沿程阻力系数之间的关系。三条管路为并联，沿程水头损失相等，由此可以得到流量比。

答案：粗糙系数与沿程阻力系数之间的关系为：

$$\lambda = \frac{8g}{C^2}, C = \frac{1}{n} R^{\frac{1}{6}}, R = \frac{d}{4}$$

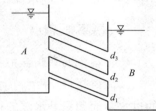

图 5-26 【例题 5-10】图

则有：

$$\lambda_1 = \frac{8gn^2}{\left(\frac{d_1}{4}\right)^{1/3}}, \lambda_2 = \frac{8gn^2}{\left(\frac{2d_1}{4}\right)^{1/3}}, \lambda_3 = \frac{8gn^2}{\left(\frac{3}{4}d_1\right)^{1/3}}$$

由以上三式得到 λ_1、λ_2、λ_3 的关系：

$$\lambda_2 = 2^{-\frac{1}{3}} \lambda_1, \lambda_3 = 3^{-\frac{1}{3}} \lambda_1$$

三条管路的沿程水头损失相等，即：

$$\lambda_1 \frac{l_1}{d_1} \frac{v_1^2}{2g} = 2^{-\frac{1}{3}} \lambda_1 \frac{l_2}{2d_1} \frac{v_2^2}{2g} = 3^{-\frac{1}{3}} \lambda_1 \frac{l_3}{3d_1} \frac{v_3^2}{2g}$$

解得：

$$v_1^2 = \frac{1}{2^{4/3}} v_2^2 = \frac{1}{3^{4/3}} v_3^2$$

即：

$$Q_1^2 = \frac{1}{2^{16/3}} Q_2^2 = \frac{1}{3^{16/3}} Q_3^2 \quad 或 \quad Q_1 = 0.157 Q_2 = 0.0534 Q_3$$

第六章 明渠均匀流

第一节 重点内容

具有自由表面的水流称为明渠水流,若明渠水流的流线均为相互平行的直线称为明渠均匀流,明渠均匀流的水深 h 和断面平均流速 v 沿程不变。

一、基本概念

1. 棱柱形与非棱柱形渠道

断面形状、尺寸沿程不变的长直渠道称为棱柱形渠道,否则为非棱柱形渠道。棱柱形渠道的过水断面积只是水深的函数,而非棱柱形渠道的过水断面积与水深和流程有关。

2. 顺坡、平坡和逆坡渠道

如图 6-1 所示,渠底沿程降低称为顺坡渠道,渠底水平时称为平坡渠道,渠底沿程升高称为逆坡渠道,分别用 $i>0$、$i=0$ 和 $i<0$ 表示,其中 $i=\sin\theta$,称为渠道的底坡。

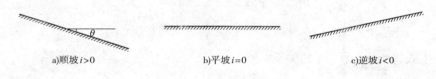

a) 顺坡 $i>0$ b) 平坡 $i=0$ c) 逆坡 $i<0$

图 6-1 明渠的底坡

3. 明渠均匀流的特性

(1) 从几何角度看,由于 v、h 沿程不变,所以底坡线、水面线(测压管水头线)和总水头线三线平行,即水力坡度与底坡相等:$i=J$,如图 6-2 所示。

(2) 从运动学角度分析,均匀流时质点做等速直线运动。

(3) 从能量角度分析,对于单位重量液体,重力功 = 阻力功。

如图 6-3 所示,建立 1-1 断面和 2-2 断面的能量方程:

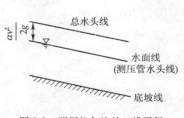

图 6-2 明渠均匀流的三线平行

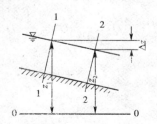

图 6-3 明渠均匀流的两过流断面

$$z_1 + \frac{\alpha_1 v_1^2}{2g} = z_2 + \frac{\alpha_2 v_2^2}{2g} + h_f$$

整理得：
$$\Delta z = h_f$$

即单位重量液体的重力功等于阻力功。

(4) 从力学角度分析，重力沿流动方向的分力与摩擦力抵消。

如图6-4所示，以1-1断面、2-2断面之间的水体作为隔离体，由力的平衡方程：
$$P_1 - P_2 + G\sin\theta - F_f = 0$$

由于：
$$P_1 - P_2 = 0$$

因此：
$$G\sin\theta = F_f$$

即重力沿流动方向的分力与摩擦力抵消。

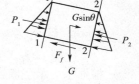

图6-4 流段受力分析

对于平坡和逆坡渠道，不能满足重力沿流动方向的分力与摩擦力抵消的条件，故不能产生均匀流。

二、明渠均匀流的计算公式

由于在明渠均匀流中，水力坡度J与渠底坡度i相等，故谢才公式亦可写成：
$$v = C\sqrt{Ri}$$

由此得流量计算式：
$$Q = \omega C\sqrt{Ri} \qquad (6-1)$$

令$K = \omega C\sqrt{R}$，则式(6-1)可表示为：
$$Q = K\sqrt{i} \qquad (6-2)$$

式中：K——流量模数，若渠道的断面形状尺寸和粗糙系数一定，则有$K = f(h)$，h称为正常水深。

式(6-1)中的谢才系数C仍采用曼宁公式计算。

三、明渠水力最优断面和允许流速

1. 水力最优断面

(1) 定义

当i、n不变时，在断面积相等的各种断面形状中通过流量最大的那种断面形状称为水力最优断面。

(2) 条件

把曼宁公式代入明渠均匀流的基本公式可得：
$$Q = \omega C\sqrt{Ri} = \frac{1}{n}\omega R^{2/3} i^{1/2} = \frac{\omega^{5/3} i^{1/2}}{n\chi^{2/3}}$$

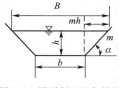

图 6-5 梯形断面几何特征

由上式可知,当 ω、i、n 一定时,要使 Q 最大,χ 则最小。

工程中应用最多的是梯形断面。如图 6-5 所示的梯形断面,其边坡系数 $m(m=\cot\alpha)$ 由边坡稳定要求确定,下面讨论 m 一定时,梯形水力最优断面的水深 h 和底宽 b 的关系。

梯形断面的过水断面积和湿周分别为:

$$\omega = (b+mh)h \tag{6-3}$$

$$\chi = b + 2h\sqrt{1+m^2} \tag{6-4}$$

则:

$$b = \frac{\omega}{h} - mh$$

$$\chi = \frac{\omega}{h} - mh + 2h\sqrt{1+m^2}$$

根据水力最优断面的条件,求 $\chi = f(h)$ 的极小值:

$$\frac{d\chi}{dh} = -\frac{\omega}{h^2} - m + 2\sqrt{1+m^2} = 0 \tag{6-5}$$

再求二阶导数,得 $\dfrac{d^2\chi}{dh^2} = 2\dfrac{\omega}{h^3} > 0$,故有湿周最小值 $\chi_{\min}$ 存在。

将式(6-3)代入式(6-5),得:

$$-\frac{(b+mh)h}{h^2} - m + 2\sqrt{1+m^2} = 0$$

整理得到梯形断面水力最优条件为:

$$\left(\frac{b}{h}\right)_{\text{最优}} = 2(\sqrt{1+m^2} - m) \tag{6-6}$$

此时还满足:

$$R = \frac{h}{2}$$

对于矩形断面,$m = 0$,则有 $b = 2h$。

2. 允许流速

一条设计合理的渠道,除了考虑上述水力最优条件及经济因素外,还应使渠道的设计流速 v 在不冲、不淤的允许流速范围内,即:

$$v_{\min} < v < v_{\max}$$

式中:$v_{\max}$——免遭冲刷的最大允许流速,简称不冲允许流速;

$v_{\min}$——免遭淤积的最小允许流速,简称不淤允许流速。

四、明渠均匀流水力计算的基本问题

以梯形断面为例,综合式(6-1)、式(6-3)、式(6-4)及曼宁公式,得到:

$$Q = \omega C\sqrt{Ri} = f(m,b,h,n,i)$$

在明渠均匀流的计算中,一般情况下 m、n 预先选定,这样明渠均匀流的水力计算主要有

以下三种基本问题。

1. 验算渠道过流能力

已知 b、h、m、n、i，求 Q，这类问题可直接求解。

2. 确定底坡

已知 b、h、m、n、Q，求 i，这类问题也能直接求解。

3. 确定渠道断面尺寸

（1）已知 Q、h、m、n、i，求 b。

这类问题除采用试算—图解法（绘制 b-Q 关系曲线）或查图法求解外，还可采用下述迭代公式求解：

$$b_{j+1} = \left[\frac{1}{h}\left(\frac{nQ}{\sqrt{i}}\right)^{0.6}(b_j + 2h\sqrt{1+m^2})^{0.4} - mh\right]^{1.3} \cdot b_j^{-0.3} \quad (j=0,1,2,\cdots)$$

（2）已知 Q、b、m、n、i，求 h。

除采用试算—图解法（绘制 h-Q 关系曲线）或查图法，还可采用下述迭代公式求解：

$$h_{j+1} = \left(\frac{nQ}{\sqrt{i}}\right)^{0.6}\frac{(b+2h_j\sqrt{1+m^2})^{0.4}}{b+mh_j} \quad (j=0,1,2,\cdots)$$

（3）已知 Q、m、n、i、$\beta=b/h$，求 b、h。

此类问题可采用下述迭代公式直接求解：

$$h = \left(\frac{nQ}{\sqrt{i}}\right)^{0.375}\frac{(\beta+2\sqrt{1+m^2})^{0.25}}{(\beta+m)^{0.625}}$$

$$b = \beta h$$

（4）已知 Q、m、n、i、$v_{\max}$，求 b、h。

由已知条件求出过水断面面积 $\omega = \dfrac{Q}{v_{\max}}$，根据 $Q = \omega C\sqrt{Ri}$ 求得 R 和 χ，解下列方程组可求出 b、h。

$$\begin{cases} \omega = (b+mh)h \\ \chi = b+2h\sqrt{1+m^2} \end{cases}$$

选取时应舍去无意义的解。

五、无压圆管均匀流的水力计算

无压圆管均匀流除具有一般明渠均匀流的特性外，还具有这样一种水力特性，即流速和流量分别在水流为满流之前达到最大值，这是由于当水深增至某一数值后，随水深再增加，会使湿周的增长率远大于过水断面面积的增长率，从而导致水力半径减小很多，故 Q 反而会相对减小。从理论上可以证明，当无压圆管的充满度（水深与管径之比）$\alpha = h/d = 0.95$ 时其输水性能最优。

无压圆管均匀流的计算公式仍采用式（6-1）。其计算问题为流量 Q、坡度 i、管径 d 三个量知其二求其一,均可直接求解。

六、复式断面渠道的水力计算

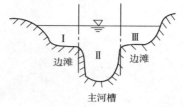

图 6-6 复式断面

如图 6-6 所示的复式断面渠道,计算流量时若直接代入式(6-1),会出现水流进入边滩而流量反而减小的不合理现象,同时由于主河槽和边滩的粗糙系数 n 值不同,正确估算整个断面的 n 值比较困难。因此应将整个断面分成几部分(用垂线将主河槽与边滩分开),分别代入式(6-1)计算,最后将各部分流量相加即为总流量。

第二节 典 型 例 题

【例 6-1】 有一条输水土渠($n=0.022$)为梯形断面,边坡系数 $m=1.25$,问在底坡 $i=0.0004$ 及正常水深 $h_0=2.2\text{m}$ 时,其底宽 b 为多少才能通过流量 $Q=17.1\text{m}^3/\text{s}$?

解析:本题可采用试算—图解法求解,假设一系列 b,计算相应的 Q 值($Q=\omega C\sqrt{Ri}$),绘制 b-Q 关系曲线,由曲线上得到已知 Q 值对应的 b 值。也可直接用迭代公式求解。

答案:(1)试算—图解法

假设 $b=3.5\text{m}$,则:

$$\omega=(b+mh_0)h_0=(3.5+1.25\times2.2)\times2.2=13.75\text{m}^2$$

$$\chi=b+2h_0\sqrt{1+m^2}=3.5+2\times2.2\times\sqrt{1+1.25^2}=10.53\text{m}$$

$$R=\frac{\omega}{\chi}=\frac{13.75}{10.53}=1.31\text{m}$$

$$C=\frac{1}{n}R^{1/6}=\frac{1}{0.022}\times1.31^{1/6}=47.55\text{m}^{1/2}/\text{s}$$

$$Q=\omega C\sqrt{Ri}=13.75\times47.55\times\sqrt{1.31\times0.0004}=14.97\text{m}^3/\text{s}$$

再假设一系列 b 值,求相应 Q,计算值列于表 6-1 中。

【例题 6-1】计算表   表 6-1

b(m)	ω(m²)	χ(m)	R(m)	C(m$^{1/2}$/s)	Q(m³/s)
3.5	13.75	10.53	1.31	47.55	14.97
4.0	14.85	11.04	1.35	47.79	16.49
4.5	15.95	11.54	1.38	47.96	17.97
4.7	16.39	11.74	1.40	48.08	18.65

根据表中数值绘制 b-Q 曲线如图 6-7 所示,由曲线查得 $Q=17.1\text{m}^3/\text{s}$ 时的渠底宽度 $b=4.2\text{m}$。

(2)用迭代公式求解

第一次:取 $b_0=1.0\text{m}$ 代入下面迭代公式:

$$b_{j+1} = \left[\frac{1}{h}\left(\frac{nQ}{\sqrt{i}}\right)^{0.6}(b_j + 2h\sqrt{1+m^2})^{0.4} - mh\right]^{1.3} \cdot b_j^{-0.3}$$

得到：
$$b_1 = 4.79\text{m}$$

依次迭代得到：
$$b_2 = 4.23\text{m}, b_3 = 4.21\text{m}$$

取 $b = 4.21\text{m}$。

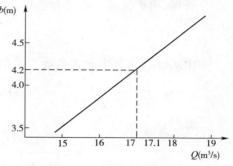

图6-7 【例题6-1】答案图

【例6-2】 有一灌溉干渠，断面为梯形，采用浆砌块石衬砌，渠道底宽 $b = 5\text{m}$，粗糙系数 $n = 0.025$，底坡 $i = 0.0006$，边坡系数 $m = 1.5$，干渠设计流量 $Q = 9.5\text{m}^3/\text{s}$，试按均匀流计算渠道水深 h_0。

解析：假设一系列 h_0 值，计算相应的 Q 值（$Q = \omega C\sqrt{Ri}$），绘制 h_0-Q 关系曲线，由曲线上得到已知 Q 值对应的 h_0 值。也可直接用迭代公式求解。

答案：(1) 试算—图解法

假设一系列 h_0 值，计算对应的流量 Q（计算方法同【例6-1】），计算结果列于表6-2中。

【例题6-2】计算表　　　　　表6-2

h_0(m)	ω(m^2)	χ(m)	R(m)	C(m$^{1/2}$/s)	Q(m^3/s)
1.0	6.5	8.61	0.755	38.17	5.28
1.3	9.04	9.69	0.933	39.54	8.46
1.5	10.88	10.41	1.045	40.30	10.98
1.8	13.86	11.49	1.206	41.27	15.39

根据表中数值绘制成 h_0-Q 曲线如图6-8所示。根据设计流量 $Q = 9.5\text{m}^3/\text{s}$，查曲线得渠道正常水深 $h_0 = 1.39\text{m}$。

(2) 用迭代公式求解

第一次：取 $h_0 = 1.0\text{m}$ 代入下面迭代公式：

$$h_{j+1} = \left(\frac{nQ}{\sqrt{i}}\right)^{0.6}\frac{(b + 2h_j\sqrt{1+m^2})^{0.4}}{b + mh_j}$$

得到：
$$h_{01} = 1.42\text{m}$$

依次迭代得到：
$$h_{02} = 1.383\text{m}, h_{03} = 1.387\text{m}$$

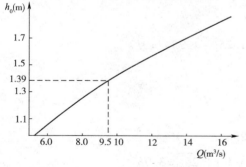

图6-8 【例题6-2】答案图

取 $h_0 = 1.39\text{m}$。

【例6-3】 试设计一梯形断面灌溉渠道，要求输水流量 $Q = 15\text{m}^3/\text{s}$，边坡系数 $m = 1.0$，粗糙系数 $n = 0.028$，渠中流速 $v \leq 0.8\text{m/s}$，渠道底坡 $i = 0.0003$，求底宽 b 和水深 h。

解析：本题要求从已知流速出发设计渠道底宽和水深。由已知的流量和流速计算渠道过水断面面积，由均匀流计算公式得到水力半径，继而求出湿周，根据过水断面面积、湿周与底宽、水深的关系式联立求解。

答案: 由于流量和流速为已知,因此,过水断面面积为已知,即:

$$\omega = \frac{Q}{v} = \frac{1.5}{0.8} = 18.75 \text{m}^2$$

由式(6-1),其中谢才系数 C 采用曼宁公式计算,则:

$$Q = \omega C \sqrt{Ri} = \frac{1}{n} R^{2/3} i^{1/2} \omega$$

解得:

$$R = \left(\frac{Qn}{i^{1/2}\omega}\right)^{3/2} = \left(\frac{15 \times 0.028}{0.0003^{1/2} \times 18.75}\right)^{3/2} = 1.47 \text{m}$$

$$\chi = \frac{\omega}{R} = \frac{18.75}{1.47} = 12.75 \text{m}$$

根据梯形断面 ω 和 χ 的计算关系式:

$$\omega = (b + mh)h$$

$$\chi = b + 2h\sqrt{1 + m^2}$$

联立解得:

$$\begin{cases} h_1 = 2.10 \text{m} \\ b_1 = 6.74 \text{m}, \end{cases} \begin{cases} h_2 = 4.86 \text{m} \\ b_2 = -1.0 \text{m} \end{cases}$$

显然,第二组解不合理,应舍去,即渠道的底宽为6.74m,渠中正常水深为2.1m。

【例6-4】 某梯形断面的灌溉引水渠道,边坡系数 $m = 1.25$,粗糙系数 $n = 0.03$,底坡 $i = 0.0005$,设计流量 $Q = 2.2 \text{m}^3/\text{s}$,试按水力最优条件计算 b 和 h。

解析: 梯形断面水力最优条件: $\left(\frac{b}{h}\right)_{最优} = 2(\sqrt{1+m^2} - m)$。按水力最优条件得到 b 和 h 的关系,代入均匀流计算公式可直接求解。

答案: 根据水力最优条件:

$$\frac{b}{h} = 2(\sqrt{1+m^2} - m) = 2(\sqrt{1+1.25^2} - 1.25) = 0.7$$

则:

$$b = 0.7h$$

此时:

$$\omega = (b + mh)h = (0.7h + 1.25h)h = 1.95h^2$$

$$\chi = b + 2h\sqrt{1+m^2} = 0.7h + 2h\sqrt{1+1.25^2} = 3.9h$$

$$R = \frac{\omega}{\chi} = \frac{1.95h^2}{3.9h} = 0.5h$$

即满足梯形水力最优断面的水力半径是水深的一半。

由式(6-1),谢才系数 C 采用曼宁公式计算,则:

$$Q = \omega C\sqrt{Ri} = \frac{1}{n} R^{2/3} i^{1/2} \omega$$

代入数值:

$$2.2 = \frac{1}{0.03} \times 0.5^{\frac{2}{3}} \times h^{\frac{2}{3}} \times 0.0005^{\frac{1}{2}} \times 1.95h^2$$

解得:
$$h = 1.39\text{m}, b = 0.7h = 0.98\text{m}$$

【例 6-5】 直径为 0.8m 的排水管,粗糙系数 $n = 0.017$,底坡 $i = 0.015$,若管中充满度 $\frac{h}{d}$ 值由 0.3 增至 0.6,问可增加流量多少?

解析:无压圆管均匀流仍采用式(6-1)计算,其过水断面积 $\omega = \frac{d^2}{8}(\theta - \sin\theta)$,湿周 $R = \frac{d}{4}\left(1 - \frac{\sin\theta}{\theta}\right)$,其中 θ 为充满角,与充满度的关系:

$$\alpha = \frac{h}{d} = \sin^2\frac{\theta}{4}$$

答案:充满度 $\frac{h}{d} = 0.3$ 时:

$$\omega = \frac{d^2}{8}(\theta - \sin\theta) = 0.1982d^2 = 0.127\text{m}^2$$

$$R = \frac{d}{4}\left(1 - \frac{\sin\theta}{\theta}\right) = 0.1709d = 0.137\text{m}$$

$$Q_1 = \omega C \sqrt{Ri} = 0.127 \times \frac{1}{0.017} \times 0.137^{\frac{1}{6}} \times \sqrt{0.137 \times 0.015} = 0.243\text{m}^3/\text{s}$$

充满度 $\frac{h}{d} = 0.6$ 时:

$$\omega = \frac{d^2}{8}(\theta - \sin\theta) = 0.492d^2 = 0.315\text{m}^2$$

$$R = \frac{d}{4}\left(1 - \frac{\sin\theta}{\theta}\right) = 0.277d = 0.222\text{m}$$

$$Q_2 = \omega C \sqrt{Ri} = 0.315 \times \frac{1}{0.017} \times 0.222^{\frac{1}{6}} \times \sqrt{0.222 \times 0.015} = 0.832\text{m}^3/\text{s}$$

增加的流量:
$$\Delta Q = Q_2 - Q_1 = 0.59\text{m}^3/\text{s}$$

第七章 明渠非均匀流

第一节 重点内容

一、概述

当明渠中的总水头线、水面线和底坡线互不平行,水面线为曲线时称为明渠非均匀流。当渠道中修建桥、坝、闸等建筑物时常产生明渠非均匀流,如图7-1所示。

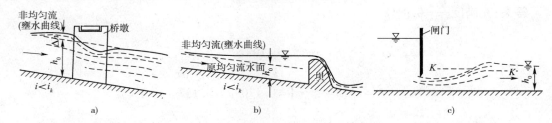

图7-1 工程中的明渠非均匀流现象

二、断面单位能量和临界水深

1. 断面单位能量

以断面最低点所在的水平面作为基准面计算的断面单位重量液体所具有的机械能叫断面单位能量,又称断面比能。计算比能时,由于不同断面采用不同的基准面,所以断面比能可能沿程增大,也可能沿程减小或不变。

当明渠底坡较小时,断面比能采用下式计算:

$$e = h + \frac{\alpha v^2}{2g} = h + \frac{\alpha Q^2}{2g\omega^2} \tag{7-1}$$

2. e-h 关系曲线(比能曲线)

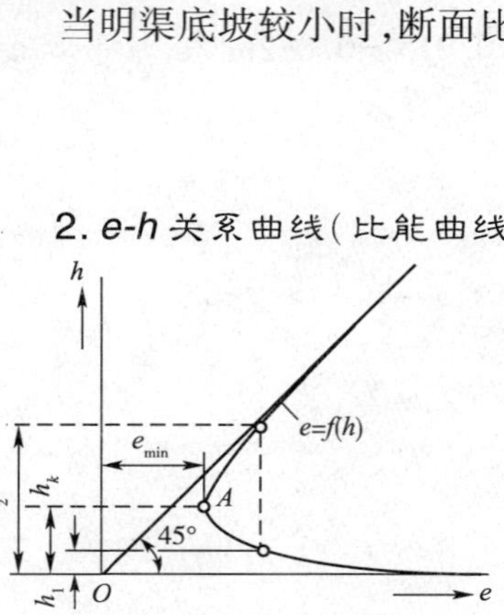

由式(7-1)可以绘制 e-h 关系曲线,称为比能曲线,如图7-2所示。比能曲线有如下特点:

①A点将曲线分为上、下两支,上支 $\frac{de}{dh} > 0$,下支 $\frac{de}{dh} < 0$。

②一般来说,一个断面比能值对应两个水深,而断面比能最小值对应的水深只有一个,该水深称为临界水深,用 h_k 表示。

图7-2 比能曲线

3. 临界水深

(1) 定义

当 Q、断面形状尺寸一定时,断面比能最小值对应的水深叫临界水深。

(2) 临界水深的计算

当断面比能取得最小值时:

$$\frac{de}{dh} = 0$$

$$e = h + \frac{\alpha Q^2}{2g\omega^2}$$

$$\frac{de}{dh} = 1 - \frac{\alpha Q^2}{g\omega^3}\frac{d\omega}{dh}$$

如图 7-3 所示任意形状断面,$\frac{d\omega}{dh}$ 为水面宽度 B,即:

$$\frac{de}{dh} = 1 - \frac{\alpha Q^2 B}{g\omega^3}$$

由 $\frac{de}{dh} = 0$,则:

$$\frac{\alpha Q^2}{g} = \frac{\omega_k^3}{B_k} \quad (7\text{-}2)$$

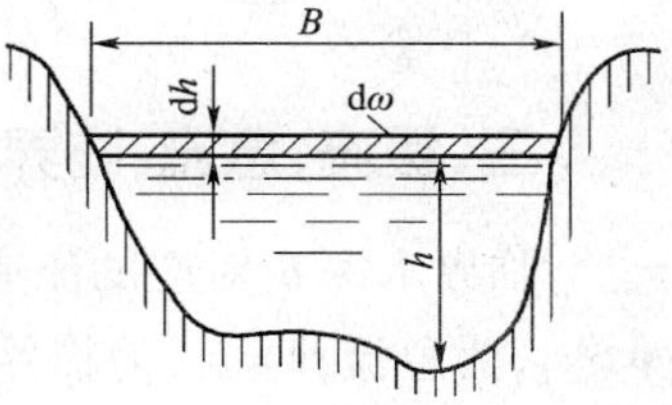

图 7-3 任意形状断面

式 (7-2) 称为临界水深普遍公式,ω_k、B_k 分别为临界水深 h_k 对应的过水断面面积和水面宽度。对于任意形状断面,可采用试算—图解法求 h_k。如图 7-4 所示,绘制 $h-\frac{\omega^3}{B}$ 关系曲线,在横坐标上找到数值为 $\frac{\alpha Q^2}{g}$ 的点,其对应的纵坐标即为 h_k。

对于矩形断面,将 $B_k = b$、$\omega_k = bh_k$ 代入式 (7-2) 简化后得:

$$h_k = \sqrt[3]{\frac{\alpha q^2}{g}} \quad (7\text{-}3)$$

其中:

$$q = \frac{Q}{b}$$

式中:q——单宽流量。

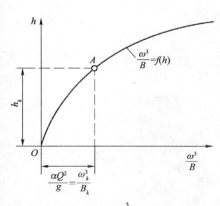

图 7-4 $h-\frac{\omega^3}{B}$ 关系曲线

4. 临界坡度

(1) 定义

在棱柱形渠道中,断面形状、尺寸和流量一定时,若水流的正常水深恰好等于临界水深时对应的底坡称为临界坡度,用 i_k 表示。

临界坡度对应的水深既是正常水深又是临界水深,应同时满足下面两个方程：

$$\begin{cases} Q = \omega_k C_k \sqrt{R_k i_k} \\ \dfrac{\alpha Q^2}{g} = \dfrac{\omega_k^3}{B_k} \end{cases}$$

联立得到：

$$i_k = \frac{g\chi_k}{\alpha C_k^2 B_k} \tag{7-4}$$

应注意，i_k 是为了分析问题方便而引入的一个假设坡度,与实际底坡 i 无关。

（2）缓坡、陡坡

由实际底坡 i 和临界坡度 i_k 的关系,可将渠道分为以下三种情况：

$$\begin{cases} i < i_k (h_0 > h_k), 缓坡 \\ i > i_k (h_0 < h_k), 陡坡 \\ i = i_k (h_0 = h_k), 临界坡 \end{cases}$$

三、缓流、急流、临界流及其判别标准

临界水深 h_k 对应的流速称为临界流速,用 v_k 表示,若渠道中的实际流速 $v < v_k$,称为缓流；$v > v_k$,为急流；$v = v_k$,为临界流。

缓流、急流、临界流可以用临界流速、临界水深、比能曲线、弗汝德数进行判别,具体说明如下。

1. 临界流速（或临界水深）判别法

①缓流：$v < v_k, h > h_k$,对应比能曲线上支,$\dfrac{\mathrm{d}e}{\mathrm{d}h} > 0$。

②急流：$v > v_k, h < h_k$,对应比能曲线下支,$\dfrac{\mathrm{d}e}{\mathrm{d}h} < 0$。

③临界流：$v = v_k, h = h_k, \dfrac{\mathrm{d}e}{\mathrm{d}h} = 0$。

2. 弗汝德数判别法

令 $Fr = \dfrac{\alpha Q^2 B}{g\omega^3}$,$Fr$ 称为弗汝德数。

（1）Fr 的物理意义

$$Fr = \frac{\alpha Q^2 B}{g\omega^3} = \frac{\alpha Q^2}{g\omega^2} \frac{B}{\omega} = \frac{\alpha v^2}{g\bar{h}} = 2\frac{\dfrac{\alpha v^2}{2g}}{\bar{h}} \tag{7-5}$$

其中：

$$\bar{h} = \frac{\omega}{B}$$

式中：$\bar{h}$——平均水深。

Fr 的物理意义表示过水断面单位重量液体的平均动能与平均势能比值的 2 倍。

（2）流态判别

由 $\dfrac{de}{dh} = 1 - \dfrac{\alpha Q^2}{g}\dfrac{B}{\omega^3} = 1 - Fr$ 得到：

$$Fr > 1, \dfrac{de}{dh} < 0, 急流$$

$$Fr = 1, \dfrac{de}{dh} = 0, 临界流$$

$$Fr < 1, \dfrac{de}{dh} > 0, 缓流$$

各种判别方法综合在表7-1中。

流态判别指标及判别方法　　　　　　　　　表7-1

判别指标		流态	缓流	临界流	急流
均匀流或非均匀流	水深 h		$h > h_k$	$h = h_k$	$h < h_k$
	弗汝德数 Fr		$Fr < 1$	$Fr = 1$	$Fr > 1$
	平均流速 v		$v < v_k$	$v = v_k$	$v > v_k$
	断面比能 $\dfrac{de}{dh}$		$\dfrac{de}{dh} > 0$	$\dfrac{de}{dh} = 0$	$\dfrac{de}{dh} < 0$
均匀流	除采用临界水深、临界流速和弗汝德数判别外，明渠均匀流还可以用临界坡度判别流态		$i < i_k$	$i = i_k$	$i > i_k$

四、水跃

明渠水流从急流到缓流时水面骤然跃起的局部水力现象叫水跃，如图7-5所示。表面旋滚始端的过水断面1-1称为跃前断面，该断面处的水深 h_1 称为跃前水深。表面旋滚末端的过水断面2-2称为跃后断面，该断面处的水深 h_2 称为跃后水深。跃后水深与跃前水深之差，即 $h_2 - h_1 = a$，称为跃高。跃前断面至跃后断面的水平距离 L_j 称为水跃段长度。

1. 水跃的基本方程

仅讨论平坡渠道中的完整水跃。

取跃前断面和跃后断面之间的水体作为隔离体，如图7-6所示，分析其沿流动方向的受力情况。假设水跃段长度不大，渠床的摩擦阻力可忽略，即 $F_f \approx 0$。

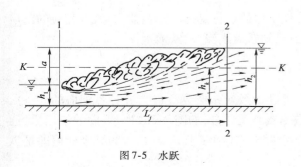

图7-5　水跃　　　　　　　　　　　图7-6　隔离体受力分析

由动量方程得到(取 $\beta_1 = \beta_2 = 1$):

$$\frac{\gamma Q}{g}(v_2 - v_1) = F_1 - F_2$$

其中:

$$v_1 = \frac{Q}{\omega_1}, v_2 = \frac{Q}{\omega_2}$$

跃前、跃后断面的水流为渐变流,符合静压分布规律,则有:

$$F_1 = h_{c1}\omega_1, F_2 = h_{c2}\omega_2$$

整理得:

$$\frac{Q^2}{g\omega_1} + h_{c1}\omega_1 = \frac{Q^2}{g\omega_2} + h_{c2}\omega_2 \tag{7-6}$$

式中:h_{c1}、h_{c2}——跃前、跃后断面形心点的水深。

令 $\theta(h) = \frac{Q^2}{g\omega} + h_c\omega$,$\theta(h)$ 称为水跃函数。

式(7-6)可表示为:

$$\theta(h_1) = \theta(h_2)$$

使水跃函数值相等的这一对水深 h_1 和 h_2 称为共轭水深。

2. 水跃函数的特性

水跃函数的图形如图 7-7 所示,并具有以下特性:

①$\theta(h)$ 最小值对应的水深为临界水深 h_k。

②上支 $h > h_k$,$\frac{d\theta}{dh} > 0$,为缓流;下支 $h < h_k$,$\frac{d\theta}{dh} < 0$,为急流。

③一个水跃函数值对应两个水深,两者互为共轭水深。

④跃前水深越大,对应的跃后水深越小,反之亦然。

3. 共轭水深的计算

共轭水深的计算是指已知跃前水深,求相应的跃后水深;或已知跃后水深,求跃前水深。

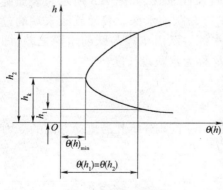

图 7-7 水跃函数曲线

(1)一般方法

该方法适用于任意形状断面。

当已知跃前水深 h_1,求跃后水深 h_2 时,可假设一系列 h 值($h > h_k$),并计算相应的 $\theta(h)$,以 h 为纵坐标,$\theta(h)$ 为横坐标可绘出水跃函数上支有关部分,如图 7-8a)所示,曲线绘出后,通过横坐标轴上 $\theta(h_1) = \theta(h_2)$ 的已知点 A 作铅垂线与曲线相交于 B 点,B 点的纵坐标值即是欲求的 h_2。

当已知 h_2 求 h_1 时,则只需绘出曲线的下支有关部分,如图 7-8b)所示。

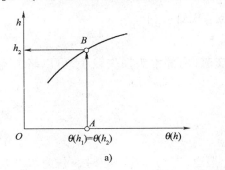
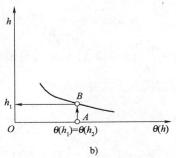

图 7-8 共轭水深的计算

(2)矩形渠道

对于矩形渠道,已知跃后水深求跃前水深采用式(7-7a)计算,已知跃前水深求跃后水深采用式(7-7b)计算。

$$h_1 = \frac{h_2}{2}\left(\sqrt{1+8\frac{q^2}{gh_2^3}}-1\right) = \frac{h_2}{2}\left(\sqrt{1+8Fr_2}-1\right) \tag{7-7a}$$

$$h_2 = \frac{h_1}{2}\left(\sqrt{1+8\frac{q^2}{gh_1^3}}-1\right) = \frac{h_1}{2}\left(\sqrt{1+8Fr_1}-1\right) \tag{7-7b}$$

4. 水跃的能量损失

由能量方程可计算水跃的能量损失 Δh_w,对于矩形断面明渠:

$$\Delta h_w = \frac{(h_2-h_1)^3}{4h_1 h_2} \tag{7-8}$$

五、明渠恒定非均匀渐变流的基本微分方程

如图 7-9 所示,以 0-0 为基准面建立 1-1 断面、2-2 断面的能量方程:

$$z_0 + h\cos\theta + \frac{\alpha v^2}{2g} = (z_0 + dz_0) + (h+dh)\cos\theta + \frac{\alpha(v+dv)^2}{2g} + dh_w \tag{7-9}$$

略去高阶微量:

$$\frac{\alpha(v+dv)^2}{2g} = \frac{\alpha v^2}{2g} + d\left(\frac{\alpha v^2}{2g}\right)$$

将上式代入式(7-9)整理得:

$$dz_0 + dh\cos\theta + d\left(\frac{\alpha v^2}{2g}\right) + dh_w = 0 \quad (7-10)$$

式中,$dz_0 = -ids$,当底坡 i 较小时,一般可以近似取 $\cos\theta = 1$,即用铅直水深代替垂直于渠底的水深,即:

$$dh\cos\theta \approx dh$$

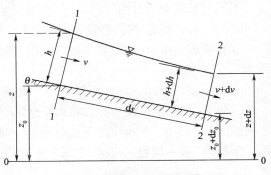

图 7-9 明渠非均匀流微小流段

代入式(7-10)可得：

$$-i\mathrm{d}s + \mathrm{d}\left(h + \frac{\alpha v^2}{2g}\right) + \mathrm{d}h_w = 0$$

因为 $\mathrm{d}\left(h + \frac{\alpha v^2}{2g}\right) = \mathrm{d}e$。对于非均匀渐变流,局部水头损失较小,可以略去不计,则 $\mathrm{d}h_\omega = \mathrm{d}h_f = J\mathrm{d}s$,把它们代入上式并简化得:

$$\frac{\mathrm{d}e}{\mathrm{d}s} = i - J \tag{7-11}$$

断面单位能量 $e = h + \frac{\alpha Q^2}{2g\omega^2}$,对于棱柱形渠道,当流量 Q 一定时,e 仅为水深 h 的函数。

$$\frac{\mathrm{d}e}{\mathrm{d}s} = \frac{\mathrm{d}e}{\mathrm{d}h}\frac{\mathrm{d}h}{\mathrm{d}s}$$

其中:

$$\frac{\mathrm{d}e}{\mathrm{d}h} = 1 - \frac{\alpha Q^2 B}{g\omega^3} = 1 - Fr$$

则式(7-11)可写为:

$$\frac{\mathrm{d}h}{\mathrm{d}s} = \frac{i - J}{1 - Fr} \tag{7-12}$$

对于明渠非均匀流的微小流段,一般仍借助于均匀流的计算公式。即假设在非均匀流微小流段内满足 $Q = K\sqrt{J}$,则 $J = \frac{Q^2}{K^2}$,其中 K 相当于非均匀流水深 h 对应的流量模数,一般来说,它随水深 h 的增加而增加,所以式(7-12)可写为:

$$\frac{\mathrm{d}h}{\mathrm{d}s} = \frac{i - \dfrac{Q^2}{K^2}}{1 - Fr} \tag{7-13}$$

六、棱柱形渠道恒定非均匀渐变流水面曲线的定性分析

1. 水流的分区

水流分区应注意以下问题:

①明渠按底坡可分为三种情况:顺坡($i>0$),平坡($i=0$),逆坡($i<0$)。
②对于顺坡渠道,根据临界坡度又分为三种情况:缓坡($i<i_k$),陡坡($i>i_k$),临界坡($i=i_k$)。
③在顺坡渠道中,存在均匀流水面线,称为正常水深线(N-N 线),也存在临界水深线(K-K 线)。
④在平坡、逆坡渠道中,不存在 N-N 线,只存在 K-K 线。
⑤以 N-N 线、K-K 线为标志将水流分区。在 N-N 线、K-K 线以上的区称为 a 区,介于两者之间的区称为 b 区,在两线之下的区称为 c 区。为区别不同底坡对应的流区,将 a、b、c 加下标。下标"1"表示缓坡,下标"2"表示陡坡,下标"3"表示临界坡,下标"0"表示平坡,上标"′"表示逆坡。如图 7-10 所示。

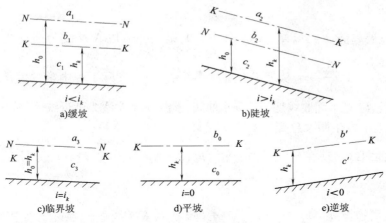

图 7-10 水流分区示意图

2. 水面曲线的定性分析

水流做均匀流时，$h=h_0$，$Q=K_0\sqrt{i}$，代入式(7-13)得到：

$$\frac{\mathrm{d}h}{\mathrm{d}s}=i\frac{1-\left(\dfrac{K_0}{K}\right)^2}{1-Fr}$$

以缓坡渠道为例进行分析。

a_1 区：当水面曲线出现在 a_1 区时，实际水深 $h>h_0>h_k$，$K>K_0$，分子 >0，$Fr<1$，分母 >0，所以 $\dfrac{\mathrm{d}h}{\mathrm{d}s}>0$，称为 a_1 型壅水曲线。

向上游的发展趋势：$h\rightarrow h_0$，$K\rightarrow K_0$，分子 $\rightarrow 0$，则 $\dfrac{\mathrm{d}h}{\mathrm{d}s}\rightarrow 0$，以 N-N 线为渐近线（即趋于均匀流动）。向下游的发展趋势：$h\rightarrow\infty$，$K\rightarrow\infty$，$Fr=\dfrac{\alpha Q^2 B}{g\omega^3}=2\dfrac{\dfrac{\alpha v^2}{2g}}{h}\rightarrow 0$，则 $\dfrac{\mathrm{d}h}{\mathrm{d}s}\rightarrow i$，即下游趋于水平线，如图 7-11 所示。因此，$a_1$ 型水面曲线是一条壅水曲线，上游以 N-N 线为渐近线，下游趋于水平线。工程实例如图 7-12 所示。

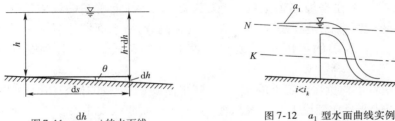

图 7-11 $\dfrac{\mathrm{d}h}{\mathrm{d}s}\rightarrow i$ 的水面线

图 7-12 a_1 型水面曲线实例

b_1 区：当水面曲线出现在 b_1 区时，$h_k<h<h_0$，$K<K_0$，分子 <0，$Fr<1$，分母 >0，则 $\dfrac{\mathrm{d}h}{\mathrm{d}s}<0$，

称为 b_1 型降水曲线。

向上游的发展趋势：$h \to h_0, K \to K_0$，分子$\to 0$，则$\dfrac{\mathrm{d}h}{\mathrm{d}s} \to 0$，以 N-N 线为渐近线。向下游的发展趋势：$h \to h_k, Fr \to 1, \dfrac{\mathrm{d}h}{\mathrm{d}s} \to \infty$，从理论上讲与 K-K 线垂直，实际工程中常发生跌水现象。如图 7-13 所示。因此，b_1 型水面曲线是一条降水曲线，上游以 N-N 线为渐近线，下游从理论上与 K-K 线垂直，实际工程中发生明渠急变流的跌水现象。

c_1 区：当水面曲线出现在 c_1 区时，$h < h_k < h_0, K < K_0$，分子$<0, Fr>1$，分母<0，则$\dfrac{\mathrm{d}h}{\mathrm{d}s}>0$，称为 c_1 型壅水曲线。

向下游的发展趋势：$h \to h_k, Fr \to 1, \dfrac{\mathrm{d}h}{\mathrm{d}s} \to \infty$，理论上与 K-K 线垂直，实际工程中水流从急流过渡到缓流穿过 K-K 线时要发生水跃现象。因此，c_1 型水面曲线是一条壅水曲线，下游从理论上与 K-K 线垂直，实际工程中发生明渠急变流的水跃现象，上游受来流条件控制。如图 7-14 所示。

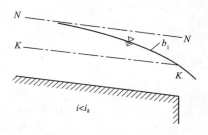 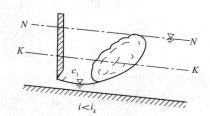

图 7-13　b_1 型水面曲线实例　　　　图 7-14　c_1 型水面曲线实例

同理可以得到，a_2 型水面曲线发生在陡坡渠道上的 a_2 区，为壅水曲线，上游端的极限情况在理论上是与 K-K 线正交，下游端的极限情况以水平线为渐近线；b_2 型水面曲线发生在陡坡渠道上的 b_2 区，为降水曲线，上游端的极限情况在理论上与 K-K 线垂直，下游端的极限情况以 N-N 线为渐近线；c_2 型水面曲线发生在陡坡渠道上的 c_2 区，为壅水曲线，下游端的极限情况以 N-N 线为渐近线，上游端受来流条件的控制。

a_3 和 c_3 型水面曲线发生在临界坡渠道上的 a_3 区和 c_3 区，均为壅水曲线，而且其形状近似为水平线。

b_0 型水面曲线发生在平坡渠道上的 b_0 区，为降水曲线，上游端的极限情况以水平线为渐近线，下游端的极限情况是在理论上与 K-K 线正交；c_0 型水面曲线发生在平坡渠道上的 c_0 区，为壅水曲线，下游端的极限情况是在理论上与 K-K 线正交，上游端受来流条件的控制。

b' 型水面曲线发生在负坡渠道上的 b' 区，为降水曲线，上游端的极限情况以水平线为渐近线，下游端的极限情况是在理论上与 K-K 线垂直；c' 型水面曲线发生在负坡渠道上的 c' 区，为壅水曲线，下游端的极限情况是在理论上与 K-K 线正交，上游端受来流条件控制。

综上所述，在棱柱形渠道的非均匀渐变流中，共有 12 种水面曲线，各种水面曲线的形状及典型实例见表 7-2。

水面线形式及实例表

表 7-2

水面线形式	实例
$i<i_k$ (带 a_1, b_1, c_1, h_k, h_0 标注的水平线图)	$i<i_k$ (三个实例图：a_1、b_1、c_1)
$i>i_k$ (带 a_2, b_2, c_2, h_k, h_0 标注的图)	$i>i_k$；$i_1<i_k$，$i_2>i_k$ (带 b_1, b_2)；$i=0$，$i_2>i_k$ (带 c_2)
$i=i_k$ (带 a_3, c_3 标注)	$i=i_k$ (带 a_3, c_3)
$i=0$ (带 b_0, c_0 标注)	$i=0$ (带 c_0, b_0)
$i<0$ (带 b', c' 标注)	$i<0$ (带 c', b')

综合上述分析,可得以下结论:
① a、c 型为壅水曲线,b 型为降水曲线。
② 顺坡渠道在远离固体边界改变(变坡、建筑物)处、水流沿 N-N 线流动。
③ 闸坝上游一般出现 a 型壅水曲线,下游一般出现 c 型壅水曲线。
④ 从缓流到急流发生跌水,从急流过渡到缓流要发生水跃。如图 7-15 所示的变坡渠道连接,渠道中的水流从急流过渡到缓流要出现水跃现象,上游陡坡渠道中的正常水深用 h_{01} 表示,h_{01} 的共轭水深用 h_{01}'' 表示,若 $h_{01}'' = h_{02}$,水跃在变坡处发生,称为临界水跃,若 $h_{01}'' > h_{02}$,水跃在下游渠道发生,称为远趋式水跃,若 $h_{01}'' < h_{02}$,水跃在上游渠道发生,称为淹没水跃。

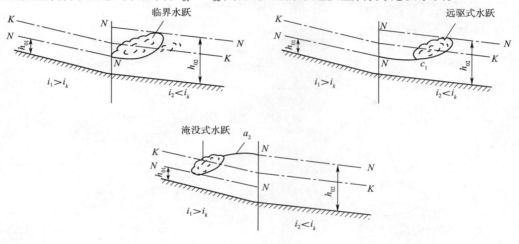

图 7-15 水跃的位置

七、明渠水面曲线的计算

下面介绍使用较普遍的分段求和法

1. 计算公式

如图 7-16 所示,以 0-0 为基准面建立 1-1 断面和 2-2 断面的能量方程:

$$z_1 + h_1 + \frac{\alpha_1 v_1^2}{2g} = z_2 + h_2 + \frac{\alpha_2 v_2^2}{2g} + \Delta h_f$$

整理得:

$$(z_1 - z_2) - \Delta h_f = \left(h_2 + \frac{\alpha_2 v_2^2}{2g}\right) - \left(h_1 + \frac{\alpha_1 v_1^2}{2g}\right)$$

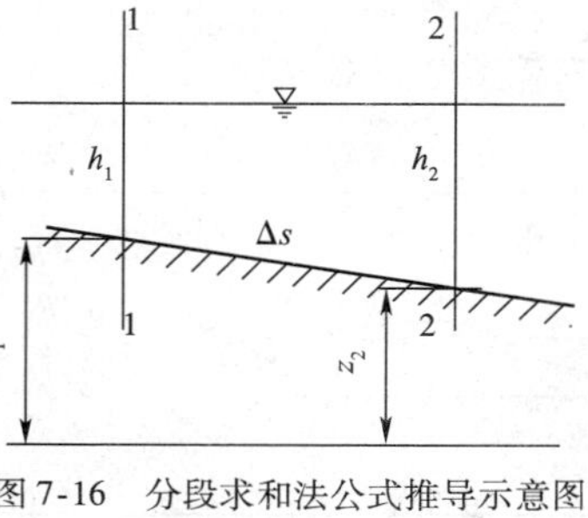

其中:

$$(z_1 - z_2) = i\Delta s, \Delta h_f = \overline{J}\Delta s$$

$$\left(h_2 + \frac{\alpha_2 v_2^2}{2g}\right) = e_{下}$$

$$\left(h_1 + \frac{\alpha_1 v_1^2}{2g}\right) = e_{上}$$

图 7-16 分段求和法公式推导示意图

式中：$\bar{J}$——流段的平均水力坡度；
　　　$e_下$——流段下游端断面的比能；
　　　$e_上$——流段上游端断面的比能。

即：
$$i\Delta s - \bar{J}\Delta s = e_下 - e_上$$

整理得：
$$\Delta s = \frac{e_下 - e_上}{i - \bar{J}} \tag{7-14}$$

可采用下述方法计算流段的平均水力坡度 $\bar{J}$：

①取上游端断面和下游端断面水力坡度的平均值：
$$\bar{J} = \frac{1}{2}(J_上 + J_下)$$

式中：$J_上$、$J_下$——流段上游端断面和下游端断面的水力坡度，可分别采用谢才公式计算：
$$J = \frac{v^2}{C^2 R}$$

②直接应用谢才公式：
$$\bar{J} = \frac{\bar{v}^2}{\bar{C}^2 \bar{R}}$$

其中：
$$\bar{v} = \frac{1}{2}(v_上 + v_下),\ \bar{C} = \frac{1}{2}(C_上 + C_下),\ \bar{R} = \frac{1}{2}(R_上 + R_下)$$

2. 计算步骤

对于棱柱形渠道：
①对水面曲线进行定性分析，并计算正常水深 h_0、临界水深 h_k，以便确定控制断面（位置、水深均已知的断面，常出现在坝前、闸后、跌坎处）。
②从控制断面（水深为 h_1）开始向上游或下游假设水深 h_2，代入式（7-14）计算 Δs_{1-2}，依此类推。

对于非棱柱形渠道：
①确定控制断面及其水深。
②人为将明渠分成若干段，则每一断面位置一定，断面形状尺寸一定，两相邻断面之间的距离 Δs 一定。
③从控制断面 h_1 开始，向上游或下游设 h_2，由式（7-14）计算 $\Delta s_{1-2计}$，直至 $\Delta s_{1-2计}$ 等于人为分段后已知的 Δs_{1-2}，则 h_2 确定，依此类推。

第二节　典型例题

【例 7-1】 下列各种情况，哪些可能发生？哪些不能发生？

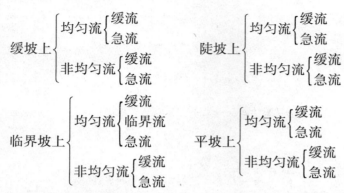

解析：本题考查明渠均匀流与非均匀流产生的条件，平坡渠道上不可能出现均匀流，缓坡渠道上的均匀流必定是缓流，陡坡渠道上的均匀流必定是急流，临界坡渠道上的均匀流必定是临界流，而各种坡度的渠道上均可能出现非均匀流的缓流和急流。

答案：缓坡上可能出现均匀流的缓流和非均匀流的缓流与急流；陡坡上可能出现均匀流的急流和非均匀流的缓流与急流；临界坡上可能出现均匀流的临界流和非均匀流的缓流与急流；平坡上只能出现非均匀流的缓流与急流。

【例 7-2】 一条长直的矩形断面渠道，粗糙系数 $n=0.02$，宽度 $b=5\text{m}$，正常水深 $h_0=2\text{m}$ 时通过的流量 $Q=40\text{m}^3/\text{s}$。试分别用 h_k、i_k、Fr 及 v_k 来判别该明渠水流的流态。

解析：本题要求判别明渠做均匀流时的流态，可分别采用临界水深、临界流速、临界坡度或弗汝德数判别，需注意，如判别非均匀流的流态，则不能用临界坡度判别。

答案：(1) 用临界水深判别

对于矩形断面明渠：

$$h_k = \sqrt[3]{\frac{\alpha Q^2}{gb^2}} = \sqrt[3]{\frac{1 \times 40^2}{9.8 \times 5^2}} = 1.87\text{m}$$

可见 $h_0 > h_k$，此均匀流为缓流。

(2) 用临界坡度判别

由式(7-4)和曼宁公式：

$$i_k = \frac{g\chi_k}{\alpha C_k^2 B_k}, \quad C_k = \frac{1}{n}R_k^{\frac{1}{6}}$$

其中：

$$\chi_k = b + 2h_k = 5 + 2 \times 1.87 = 8.74\text{m}$$

$$B_k = b = 5\text{m}$$

$$\omega_k = bh_k = 5 \times 1.87 = 9.35\text{m}^2$$

$$R_K = \frac{\omega_K}{\chi_K} = \frac{9.35}{8.74} = 1.07\text{m}$$

$$C_K = \frac{1}{n}R_k^{\frac{1}{6}} = \frac{1}{0.02} \times 1.07^{\frac{1}{6}} = 50.567\text{m}^{\frac{1}{2}}/\text{s}$$

$$i_K = \frac{9.8 \times 8.74}{1 \times 50.567^2 \times 5} = 0.0067$$

另外:
$$i = \frac{Q^2}{K^2}, 而 K = \omega C \sqrt{R}$$

其中:
$$\omega = bh_0 = 5 \times 2 = 10\text{m}^2$$
$$\chi = b + 2h_0 = 5 + 2 \times 2 = 9\text{m}$$
$$R = \frac{\omega}{\chi} = \frac{10}{9} = 1.11\text{m}$$
$$K = \omega C \sqrt{R} = \frac{\omega}{n} R^{\frac{2}{3}} = \frac{10}{0.02} \times 1.11^{\frac{2}{3}} = 536.0 \text{m}^3/\text{s}$$
$$i = \frac{Q^2}{K^2} = \frac{40^2}{536^2} = 0.0056$$

可见 $i = 0.0056 < i_k = 0.0067$,此均匀流为缓流。

(3) 用弗汝德数判别
$$Fr = \frac{\alpha v^2}{gh} \quad (矩形断面 \bar{h} = h)$$

其中:
$$h = h_0 = 2\text{m}, v = \frac{Q}{\omega} = \frac{Q}{bh_0} = \frac{40}{5 \times 2} = 4\text{m/s}$$

得:
$$Fr = \frac{\alpha v^2}{gh} = \frac{1 \times 4^2}{9.8 \times 2} = 0.816$$

可见 $Fr < 1$,此时均匀流水流为缓流。

(4) 用临界流速判别
$$u_k = \frac{Q}{\omega_k} = \frac{Q}{bh_k} = \frac{40}{5 \times 1.87} = 4.28\text{m/s}$$
$$v = \frac{Q}{\omega} = \frac{Q}{bh_0} = 4\text{m/s}$$

可见 $v < v_k$,水流为缓流。

【例 7-3】 一宽矩形渠道,底坡为 i,流量为 Q,做均匀流动,试问:
(1) 如果原来为缓流,当流量增加或减小时,能否变为均匀急流?
(2) 如果原来为急流,当流量增加或减小时,能否变为均匀缓流?

解析: 对于宽矩形渠道,可以近似认为水力半径与水深相等。缓流时正常水深 h_0 大于临界水深,而急流时正常水深小于临界水深。分别确定正常水深 h_0 与流量以及临界水深 h_k 与流量的关系,由 h_0、h_k 随流量变化程度的大小找出答案。

答案: 均匀流计算公式:
$$Q = \omega C \sqrt{Ri}$$

对于宽矩形渠道,$\omega = bh_0$,$R \approx h_0$,$C = \frac{1}{n} h_0^{\frac{1}{6}}$,其中 h_0 为正常水深,b 为底宽,n 为粗糙系数,

代入明渠均匀流计算公式并引入单宽流量 $q = \dfrac{Q}{b}$，整理得：

$$q = \dfrac{\sqrt{i}}{n} h_0^{\frac{5}{3}}，即\ h_0 \propto q^{\frac{3}{5}}$$

由矩形断面临界水深的计算公式：

$$h_k = \sqrt[3]{\dfrac{\alpha q^2}{g}}，即\ h_k \propto q^{\frac{2}{3}}$$

将两者统一后得到：

$$h_0 \propto q^{\frac{9}{15}}, h_k \propto q^{\frac{10}{15}}$$

因此,若原来为缓流,即 $h_0 > h_k$,随流量的减小,h_0 的减小速率永远小于 h_k 的减小速率,即永远为 $h_0 > h_k$,不能变为急流,而当流量增加时,h_0 的增加速率也同样小于 h_k 的增加速率,即有可能出现 $h_0 < h_k$,故能变为急流。同理,如原来为急流,当流量增加时,不能变为缓流,而流量减小时可能变为缓流。

【例 7-4】 定性绘制图 7-17 所示变坡长棱柱形渠道中的水面曲线。已知 $i_1 < i_k, i_2 = 0, i_3 > i_k$。

解析: 首先绘制各段渠道中的 N-N 线和 K-K 线。在远离第一个变坡的上游和第二个变坡的下游水流沿 N-N 线流动。由于第二段渠道底坡较第一段缓,所以第一段渠道中的流速逐渐减小,出现 a_1 型壅水曲线,当进入第二段渠道后,出现 b_0 型降水曲线,并且第二个变坡处水深等于临界水深,第三段渠道中出现 b_2 型降水曲线。

答案: 如图 7-18 所示。

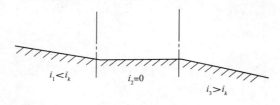

图 7-17 【例题 7-4】图

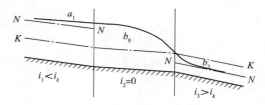

图 7-18 【例题 7-4】答案图

【例 7-5】 定性绘制图 7-19 所示变坡长棱柱形渠道中的水面曲线。已知 $i_1 < i_k, i_2 > i_k, i_3 = 0, i_4 > i_k$。

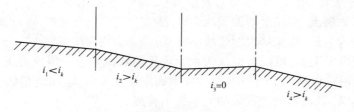

图 7-19 【例题 7-5】图

解析: 首先绘制各段渠道中的 N-N 线和 K-K 线。顺坡渠道在远离变坡处沿 N-N 线流动。水流从缓流过渡到急流发生跌水,因此第一段渠道为 b_1 型降水曲线,第二段渠道为 b_2 型降水曲线,且第一变坡处的水深为临界水深。由于第三段较第二段底坡缓,所以从第二段过渡到第三段的过程中出现壅水现象,当水面线穿过 K-K 线时将发生水跃。第三段过渡到第四段再次出现跌水现象,两段渠道中分别为 b_0 型和 b_2 型降水曲线。

答案: 如图 7-20 所示。图中标出了两种水跃的位置。

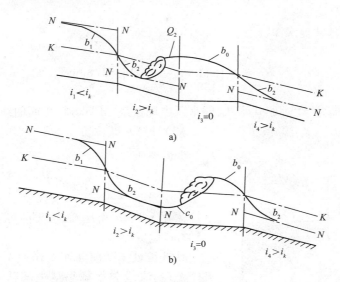

图 7-20 【例题 7-5】答案图

【**例 7-6**】 某一宽矩形断面渠道,由上、下两段相连,渠道上游端与水库相连,渠道末端有一跌水,$i_1=0.03$,$i_2=0.0008$,$n_1=0.014$,$n_2=0.02$。水库水位高于渠道进口断面临界水深,从水库中引入单宽流量 $q=2.9\mathrm{m}^3/(\mathrm{s}\cdot\mathrm{m})$,如图 7-21 所示。试分析渠道中水面曲线的形式,判别有无水跃发生。若有水跃发生,确定跃前断面位置。

解析: 已知条件没有直接给出两段渠道是否为缓坡或陡坡,可通过计算正常水深和临界水深确定,对于宽矩形渠道可近似认为水力半径与正常水深相等。由正常水深和临界水深的关系判别水流是否从急流过渡到缓流,从而确定是否发生水跃。由共轭水深的计算确定水跃发生在哪段渠道,再用分段求和法计算水跃位置。

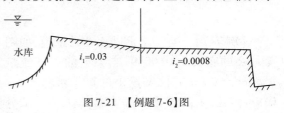

图 7-21 【例题 7-6】图

答案:(1)定性分析

通过计算确定渠道为缓坡或陡坡,判别有无水跃发生。

对于宽矩形渠道,$R\approx h_0$,由均匀流计算公式 $q=h_0 C\sqrt{h_0 i}$ 和谢才公式 $C=\dfrac{1}{n}h_0^{\frac{1}{6}}$ 整理得:

$$h_0=\left(\dfrac{nq}{\sqrt{i}}\right)^{\frac{3}{5}}$$

代入已知数据得到:

$$h_{01}=0.419\mathrm{m},\quad h_{02}=1.539\mathrm{m}$$

矩形断面临界水深:

$$h_k = \sqrt[3]{\frac{\alpha q^2}{g}} = 0.95\text{m}$$

$h_{01} < h_k, h_{02} > h_k$,所以 i_1 为陡坡,i_2 为缓坡,有水跃发生。

(2)判别水跃形式

$h_{01} = 0.419\text{m}$,其共轭水深:

$$h''_{01} = \frac{h_{01}}{2}\left[\sqrt{1 + 8\frac{q^2}{gh_{01}^3}} - 1\right] = 1.83\text{m}$$

$h_{02} = 1.539 < h''_{01}$,产生远驱式水跃,即水跃出现在第二段渠道,水面曲线如图 7-22 所示。

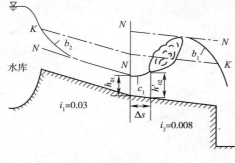

(3)计算水跃位置

h_{02} 的跃前水深:

$$h'_{02} = \frac{h_{02}}{2}\left[\sqrt{1 + 8\frac{q^2}{gh_{02}^3}} - 1\right] = 0.537\text{m}$$

采用分段求和法确定跃前断面(水深为 $h'_{02} = 0.537\text{m}$)位置。

从变坡处至跃前断面看作一个流段(也可以多分几个流段,流段分得越小结果越精确),则 $h_\text{上} = h_{01} = 0.419\text{m}$,$h_\text{下} = h'_{02} = 0.537\text{m}$,$e_\text{下} = 2.027\text{m}$,$e_\text{上} = 2.859\text{m}$,$\bar{J} = 0.02833$。

图 7-22 【例题 7-6】答案图

代入分段求和法公式:

$$\Delta s = \frac{e_\text{下} - e_\text{上}}{i - \bar{J}}$$

得到:

$$\Delta s = 30.22\text{m}$$

【例 7-7】 有一矩形断面变坡渠道,如图 7-23 所示,渠道底宽为 2m,粗糙系数 $n = 0.025$,渠段 2 的底坡为 0.0039,当渠道的单宽流量为 $q = 5\text{m}^3/(\text{s}\cdot\text{m})$ 时,渠段 1 的正常水深为 $h_{01} = 0.9\text{m}$,渠段 3 的正常水深为 $h_{03} = 1.2\text{m}$,试分析渠道的水面曲线(每段渠道均很长)。

解析:本题已知渠段 1 和渠段 3 的正常水深以及渠段 2 的底坡,可通过计算临界水深和临界底坡判断各渠段的水流流态,从而也确定了 N-N 线和 K-K 线位置,并由此判别水流是否从急流过渡到缓流,即有无水跃发生。再通过计算正常水深和共轭水深确定水跃发生在哪段渠道。

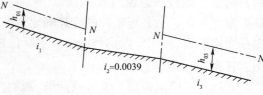

图 7-23 【例题 7-7】图

答案:(1)判断各渠道为均匀流时的流态,并由此确定 N-N、K-K 线位置

$$h_k = \sqrt[3]{\frac{\alpha q^2}{g}} = \sqrt[3]{\frac{1 \times 5^2}{9.8}} = 1.37\text{m}$$

$$i_k = \frac{g\chi_k}{\alpha C_k^2 B_k}, \quad C_k = \frac{1}{n}R_k^{\frac{1}{6}}$$

$$\chi_k = B_k + 2h_k, \quad B_k = b, \quad \omega_k = bh_k$$

代入数据得：

$$i_k = 0.0174$$

渠段 2 底坡 $i_2 = 0.0039 < 0.0174$，为缓坡渠道，均匀流时为缓流。N-N 线在 K-K 线上方；渠段 1 正常水深 $h_{01} = 0.9\text{m} < h_k$，水流在均匀流时为急流，N-N 线在 K-K 线下方；渠段 3 正常水深 $h_{03} = 1.2\text{m} < h_k$，水流在均匀流时为急流，N-N 线在 K-K 线下方。

（2）水面曲线分析

水流从渠段 1 到渠段 2，水流由急流变为缓流，将产生水跃，对于 h_{01} 所需的跃后水深：

$$h_{01}'' = \frac{h_{01}}{2}\left[\sqrt{1 + 8\frac{q^2}{gh_{01}^3}} - 1\right] = \frac{0.9}{2}\left[\sqrt{1 + 8\frac{5^2}{9.8 \times 0.9^3}} - 1\right] = 1.97\text{m}$$

计算渠段 2 的正常水深，由均匀流计算公式：

$$Q = \omega C\sqrt{Ri_2} = \frac{\omega^{\frac{5}{3}}\sqrt{i_2}}{n\chi^{\frac{2}{3}}} = \frac{\sqrt{i_2}(bh_{02})^{\frac{5}{3}}}{n(b + 2h_{02})^{\frac{2}{3}}}$$

代入已知数据整理得：

$$2 = \frac{h_{02}^{\frac{5}{3}}}{(1 + h_{02})^{\frac{2}{3}}}$$

试算得：

$$h_{02} = 2.5\text{m}$$

因 $h_{02} > h_{01}''$，水跃发生在渠段 1，水面曲线如图 7-24 所示。

【例 7-8】 一矩形渠道建有平板闸门，如图 7-25 所示，已知闸后水深 $h_c = 0.62\text{m}$，通过流量 $Q = 28.72\text{m}^3/\text{s}$，渠宽 $b = 3\text{m}$，两段渠道的底坡分别为 $i_1 = 0$ 及 $i_2 = 0.05$，渠道粗糙系数 $n = 0.04$，试判别第二段渠道中的水流为缓流或急流，并定性绘制两段渠道中的水面曲线（两段渠道均足够长）。

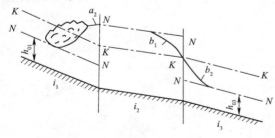
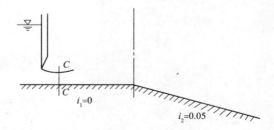

图 7-24 【例题 7-7】答案图　　　　　　　　图 7-25 【例 7-8】图

解析：第一段平坡渠道中只有 K-K 线。通过计算确定第二段渠道的 N-N 线和 K-K 线的位置，从而也确定了水流流态。再由 h_c、h_k 和第二段渠道 N-N 线的关系判别第一段渠道中有无水跃发生以及与下游的连接形式。

答案：确定第二段渠道 N-N 和 K-K 线位置有两种方法：①求 h_0 与 h_k；②求 i_k。采用第二种方法。

$$h_k = \sqrt[3]{\frac{\alpha q^2}{g}} = 2.11\text{m}, \chi_k = 7.22\text{m}, C_k = \frac{1}{n}R_k^{\frac{1}{6}} = 24.46\text{m}^{1/2}/\text{s}$$

$$i_k = \frac{g\chi_k}{\alpha C_k^2 B_k} = 0.0394$$

$i_2 > i_k$ 为陡坡渠道，N-N 线在 K-K 线下面，水流在均匀流时为急流。

$h_c = 0.62\text{m} < h_k$，第一段渠道中出现 c_0 型壅水曲线，由于渠道足够长，c_0 型水面曲线穿过 K-K 线时要发生水跃，因此水跃出现在第一段渠道；从第一段渠道的缓流到第二段渠道的急流要出现跌水现象，且变坡处为临界水深。水面线如图 7-26 所示。

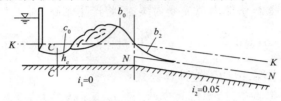

图 7-26 【例题 7-8】答案图

第八章 堰流及闸孔出流

第一节 重点内容

一、堰流的特点及其分类

1. 堰流的定义

水流受到从河底(渠底)建起的建筑物(堰体)的阻挡,或者受两侧墙体的约束影响,使堰体上游产生壅水,水流经堰体下泄,下泄水流的自由表面为连续的曲面,这种水流现象称为堰流,这种建筑物称为堰。

如图 8-1 所示,表征堰流的特征量有:堰宽 b,即水流漫过堰顶的宽度;堰壁厚度 δ 和它的剖面形状;上、下游堰高 P_1 及 P_2;堰前水头(或堰上水头) H,即堰上游水位在堰顶上的最大超高;行近流速 v_0,即堰前断面的流速,堰前断面一般距堰上游面 $(3\sim4)H$;下游水深 h 及下游水位高出堰顶的高度 Δ;河道宽度 B。

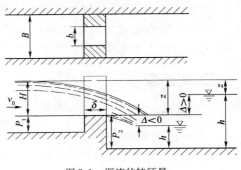

图 8-1 堰流的特征量

2. 堰流分类

(1) 按堰的几何形状分

$$\begin{cases} 薄壁堰:\dfrac{\delta}{H}<0.67 \\[4pt] 实用堰:0.67<\dfrac{\delta}{H}<2.5 \\[4pt] 宽顶堰:2.5<\dfrac{\delta}{H}<10 \end{cases}$$

(2) 按下游水深对流量的影响分

$\begin{cases} 自由出流:下游水深小,不影响堰的过流能力 \\ 淹没出流:下游水深大,影响堰的过流能力 \end{cases}$

(3) 按堰宽 b 和河宽 B 的大小分

$\begin{cases} 有侧收缩堰:B>b \\ 无侧收缩堰:B=b \end{cases}$

(4) 按水流方向分

$$\begin{cases} 正堰:堰与水流方向正交 \\ 斜堰:堰与水流方向不正交 \\ 侧堰:堰与水流方向平行 \end{cases}$$

二、堰流的计算公式

堰流的普遍计算公式：

$$Q = \sigma \varepsilon m b \sqrt{2g} H_0^{\frac{3}{2}} \tag{8-1}$$

其中：

$$H_0 = H + \frac{\alpha_0 v_0^2}{2g}$$

式中：m——堰的流量系数，与堰型、进口形式、堰高及堰上水头有关；

ε——侧收缩系数，与堰型、边壁情况、堰上水头、堰宽及堰孔数有关，对于无侧收缩堰 $\varepsilon = 1$；

σ——淹没系数，与堰上水头及下游水深有关，自由出流时 $\sigma = 1$；

b——垂直水流方向的堰宽；

H_0——堰上全水头。

三、薄壁堰

1. 矩形堰

（1）自由式无侧收缩堰

自由式无侧收缩堰如图8-2a)所示，其计算公式：

$$Q = m_0 b \sqrt{2g} H^{\frac{3}{2}} \tag{8-2}$$

式中，流量系数 m_0 可采用式(8-3)或式(8-4)计算：

$$m_0 = 0.403 + 0.053 \frac{H}{P_1} + \frac{0.0007}{H} \tag{8-3}$$

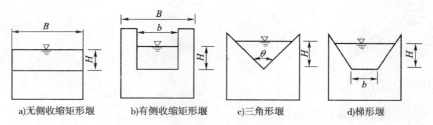

a) 无侧收缩矩形堰　　b) 有侧收缩矩形堰　　c) 三角形堰　　d) 梯形堰

图8-2　各种形式的薄壁堰

式中，H 和 P_1 均以 m 计；该式的适用范围为：$0.1\text{m} < P_1 < 1.0\text{m}$，$0.024\text{m} < H < 0.6\text{m}$，且 $\frac{H}{P_1} < 1$。

$$m_0 = \left(0.405 + \frac{0.0027}{H}\right)\left[1 + 0.55\left(\frac{H}{H+P_1}\right)^2\right] \tag{8-4}$$

式中，H 和 P_1 均以 m 计；该式的适用范围为：$0.2\text{m} < b < 2.0\text{m}$，$0.2\text{m} < P_1 < 1.13\text{m}$，$0.01\text{m} <$

$H < 1.24\text{m}$。

(2) 自由式有侧收缩堰

自由式有侧收缩堰如图 8-2b) 所示,其计算公式：

$$Q = \varepsilon m_0 b \sqrt{2g} H^{\frac{3}{2}} = m_c b \sqrt{2g} H^{\frac{3}{2}} \tag{8-5}$$

其中：

$$m_c = \left(0.405 + \frac{0.0027}{H} - 0.03\frac{B-b}{B}\right) \times \left[1 + 0.55\left(\frac{b}{B}\right)^2 \left(\frac{H}{H+P_1}\right)^2\right] \tag{8-6}$$

式中：m_c——有侧收缩堰的流量系数。

以上式中，H、P_1、b、B 均以 m 计。

(3) 淹没式堰

如图 8-3 所示,具备下列两个条件时便形成淹没堰。

淹没条件 $\begin{cases} 必要条件：堰下游水位高于堰顶标高。\\ 充分条件：堰下游产生淹没式水跃。\end{cases}$

计算公式：

$$Q = \sigma m_0 b \sqrt{2g} H^{\frac{3}{2}}$$

其中：

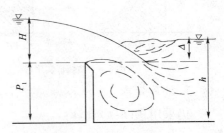

图 8-3 薄壁堰淹没出流

$$\sigma = 1.05\left(1 + 0.2\frac{\Delta}{p_2}\right)\sqrt[3]{\frac{z}{H}} \tag{8-7}$$

式中：σ——薄壁堰的淹没系数。

2. 三角形薄壁堰

堰顶过流断面为三角形的薄壁堰称为三角堰,如图 8-2c) 所示。

堰口夹角为 90°的三角堰流量公式为：

$$Q = 1.4H^{5/2} \tag{8-8}$$

式中,H 以 m 计,Q 以 m^3/s 计；该式的适用范围为：$P_1 \geq 2H$，$B \geq (3 \sim 4)H$，$0.05\text{m} < H < 0.25\text{m}$。

另一个较精确的经验公式为：

$$Q = 0.0154H^{2.47} \tag{8-9}$$

式中,H 以 cm 计,得到的流量单位为 L/s。

3. 梯形堰

堰顶过流断面为梯形的薄壁堰叫梯形堰,如图 8-2d) 所示。

计算公式为：

$$Q = m_0 b \sqrt{2g} H^{3/2} + 1.4H^{5/2} = \left(m_0 + \frac{1.4H}{\sqrt{2g}b}\right) b\sqrt{2g} H^{3/2} = m_t b\sqrt{2g} H^{3/2} \tag{8-10}$$

式中,H、b 以 m 计,Q 以 m^3/s 计。

流量系数：

$$m_t = m_0 + \frac{1.4H}{\sqrt{2g}b}$$

当 $\theta = 14°$ 时,m_t 不随 H 及 b 变化,约为 0.42。

四、实用堰

实用堰的剖面可设计成曲线形或多边形,如图 8-4 和图 8-5 所示。曲线形实用堰又可分成非真空堰和真空堰两大类,如果堰的剖面曲线基本上与薄壁堰的水舌下缘外形相符,水流作用在堰面上的压强仍近似为大气压强,称为非真空堰,若堰剖面曲线低于薄壁堰的水舌下缘,溢流水舌脱离堰面,脱离处的空气被水流带走而形成真空区,这种堰称为真空堰。工程中常采用非真空堰。

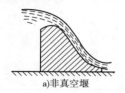
a)非真空堰

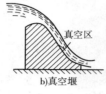
b)真空堰

图 8-4 曲线形实用堰

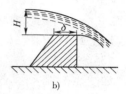
a)   b)

图 8-5 折线形实用堰

1. 计算公式

仍采用式(8-1)计算:

$$Q = \sigma \varepsilon m b \sqrt{2g} H_0^{\frac{3}{2}}$$

2. 流量系数

实用堰的剖面形状及尺寸对流量系数有影响,其精确数值应由模型实验决定。在初步估算时,可取真空堰 $m \approx 0.5$,非真空堰 $m \approx 0.45$,折线多边形堰 m 为 $0.35 \sim 0.42$。

3. 侧收缩系数

侧收缩系数 ε 可用下式计算:

$$\varepsilon = 1 - a \frac{H_0}{b + H_0} \tag{8-11}$$

式中:a——考虑坝墩形状影响的系数,矩形坝墩 $a = 0.2$,半圆形或尖形坝墩 $a = 0.11$,曲线形尖墩 $a = 0.06$。

4. 淹没系数

实用堰的淹没标准与薄壁堰相同,即:

淹没条件 $\begin{cases} 必要条件:堰下游水位高于堰顶高程。\\ 充分条件:堰下游产生淹没式水跃。\end{cases}$

非真空堰淹没系数 σ 见表 8-1。

表 8-1 非真空堰淹没系数 σ

$\dfrac{\Delta}{H}$	0.05	0.20	0.30	0.40	0.50	0.60	0.70	0.80	0.90	0.95	0.975	1.00
σ	0.997	0.985	0.972	0.957	0.935	0.906	0.856	0.776	0.621	0.470	0.319	0

五、宽顶堰

由于堰坎存在而产生垂直收缩引起水面跌落的现象称为有坎宽顶堰,如图 8-6 所示;由于河道宽度发生变化产生侧向收缩引起水面跌落的现象称为无坎宽顶堰,如图 8-7 所示。

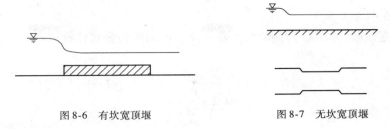

图 8-6　有坎宽顶堰　　　　图 8-7　无坎宽顶堰

1. 宽顶堰流的特点

如图 8-8a) 所示,当 $\Delta < h_k$,水流进入宽顶堰时由于垂直收缩的影响,流线收缩,水面下降,在 C-C 断面处水深达最小值($h_c < h_k$),以后受阻力影响水面微微上升,下游水位较低时产生第二次跌落。C-C 断面以后属于急流渐变流,流量不受下游水位影响,为自由出流。如图 8-8b) 所示,当下游水位上升达到 K-K 线时,堰上水流仍属于急流,h_c 与下游水位无关,堰出口没有水面跌落,仍为自由出流。如图 8-8c) 所示,当 Δ 超过 h_k 的幅度不大时,虽然有水跃发生,但当水跃还没有淹没收缩断面时,h_c 仍不变,此时流量仍不受下游水位影响,为自由出流。如图 8-8d) 所示,当下游水位升高至 $\Delta > h_c''$(h_c'' 为 h_c 的共轭水深)时,收缩断面被淹没,水跃消失,堰上水流为缓流,流量随之减小,成为淹没出流。

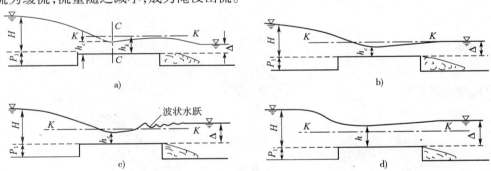

图 8-8　宽顶堰流的淹没过程

2. 流量系数

当 $\dfrac{P_1}{H} > 3$ 时,直角进口边缘 $m = 0.32$,圆角进口边缘 $m = 0.36$。

当 $0 \leq \dfrac{p_1}{H} \leq 3$ 时,直角进口边缘采用式(8-12)计算,圆角进口边缘采用式(8-13)计算:

$$m = 0.32 + 0.01 \times \frac{3 - \dfrac{P_1}{H}}{0.46 + 0.75 \dfrac{P_1}{H}} \tag{8-12}$$

$$m = 0.36 + 0.01 \times \frac{3 - \dfrac{P_1}{H}}{1.2 + 1.5 \dfrac{P_1}{H}} \tag{8-13}$$

3. 侧收缩系数

对于单孔宽顶堰(无闸墩),侧收缩系数 ε 用下面的经验公式计算:

$$\varepsilon = 1 - \frac{a_0}{\sqrt[3]{0.2 + \frac{P_1}{H}}} \sqrt[4]{\frac{b}{B}\left(1 - \frac{b}{B}\right)} \tag{8-14}$$

式中:a_0——墩形系数,当墩头为矩形边缘时,$a_0 = 0.19$;圆弧形边缘时,$a_0 = 0.10$;
  b——溢流孔净宽;
  B——上游引渠宽。

式(8-14)的应用条件为:$\frac{b}{B} \geq 0.2$,$\frac{P_1}{H} \leq 3$。当 $\frac{b}{B} < 0.2$ 时,应采用 $\frac{b}{B} = 0.2$;当 $\frac{P_1}{H} > 3$ 时,应采用 $\frac{P_1}{H} = 3$。

对于多孔的情况,可分别计算中孔及边孔的侧收缩系数,最后再取加权平均值,即
边孔侧收缩系数:

$$\varepsilon_{\text{边}} = 1 - \frac{a_0}{\sqrt[3]{0.2 + \frac{P_1}{H}}} \sqrt[4]{\frac{b'}{b' + 2d'}\left(1 - \frac{b'}{b' + 2d'}\right)} \tag{8-15}$$

中孔侧收缩系数:

$$\varepsilon_{\text{中}} = 1 - \frac{a_0}{\sqrt[3]{0.2 + \frac{P_1}{H}}} \sqrt[4]{\frac{b''}{b'' + d}\left(1 - \frac{b''}{b'' + d}\right)} \tag{8-16}$$

式中:b'——边孔净宽;
  d'——边墩宽度;
  b''——中孔净宽;
  d——中墩宽度。

取加权平均值:

$$\varepsilon = \frac{\varepsilon_{\text{边}} + (n-1)\varepsilon_{\text{中}}}{n} \tag{8-17}$$

式中:n——孔数。

4. 淹没系数

宽顶堰淹没条件:

$$\Delta \geq 0.8 H_0 \tag{8-18}$$

宽顶堰淹没系数 σ 值见表 8-2。

宽顶堰的淹没系数　　　　　　　　表 8-2

$\dfrac{\Delta}{H_0}$	0.80	0.81	0.82	0.83	0.84	0.85	0.86	0.87	0.88	0.89
σ	1.00	0.995	0.99	0.98	0.97	0.96	0.95	0.93	0.90	0.87
$\dfrac{\Delta}{H_0}$	0.90	0.91	0.92	0.93	0.94	0.95	0.96	0.97	0.98	
σ	0.84	0.82	0.78	0.74	0.70	0.65	0.59	0.50	0.40	

六、小桥孔径水力计算

小桥过水时由于侧向收缩使水位壅高再迭落，属于无坎宽顶堰流。

1. 自由出流与淹没出流

若桥前壅水水深为 H，桥孔水深为 h_1，桥下游河道水深为 h，桥孔水流的临界水深为 h_k，通过实验得到的桥孔自由出流和淹没出流的判别条件为：当 $h < 1.3 h_k$ 时，为自由式小桥过水，如图 8-9a) 所示；当 $h \geq 1.3 h_k$ 时，为淹没式小桥过水，此种情况下通常认为桥孔水深与桥下游水深相等 $(h_1 = h)$，如图 8-9b) 所示。

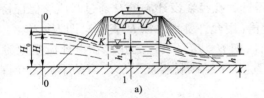 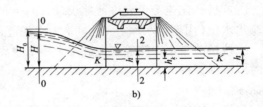

图 8-9　桥孔自由出流和淹没出流

2. 小桥孔径的水力计算公式

根据宽顶堰理论，自由式小桥过水时桥孔水深 $h_1 < h_k$，令 $h_1 = \psi h_k (\psi < 1)$。在图 8-9a) 中选取 0-0 断面和 1-1 断面并建立能量方程：

$$H + \frac{\alpha_0 v_0^2}{2g} = h_1 + \frac{\alpha v^2}{2g} + \zeta \frac{v^2}{2g}$$

令：

$$H_0 = H + \frac{\alpha_0 v_0^2}{2g}$$

则：

$$H_0 = h_1 + (\alpha + \zeta)\frac{v^2}{2g}$$

$$v = \frac{1}{\sqrt{\alpha + \zeta}}\sqrt{2g(H_0 - h_1)}$$

令：

$$\varphi = \frac{1}{\sqrt{\alpha + \zeta}}$$

则有:

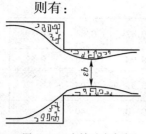

图 8-10 有效过流宽度

$$H_0 = h_1 + \frac{v^2}{2g\varphi^2} \tag{8-19}$$

$$v = \varphi\sqrt{2g(H_0 - h_1)}$$

桥下矩形过水断面的宽度为 b，当水流发生侧向收缩时有效过流宽度为 εb，如图 8-10 所示，则：

$$Q = v\varepsilon bh_1 = \varepsilon b\psi h_k \varphi \sqrt{2g(H_0 - \psi h_k)} \tag{8-20}$$

式(8-20)为桥孔自由出流的流量计算公式，同理可得淹没出流的流速与流量公式为：

$$v = \varphi\sqrt{2g(H_0 - h)}$$

$$Q = \varepsilon bh\varphi\sqrt{2g(H_0 - h)} \tag{8-21}$$

式中：ψ——垂向收缩系数，其大小由小桥进口形状确定；

ε、φ——小桥的侧收缩系数和流速系数，与小桥进口形式有关。

3. 小桥孔径水力计算原则及公式

计算原则有两个：

①按桥孔流速等于允许流速设计，即 $v = v'$。设计的孔径在设计流量 Q 通过时应该保证桥前壅水水位（用壅水水深 H 表示）不大于规范允许值（用允许壅水水深 H' 表示），即 $H \leq H'$。

②按桥前壅水水深等于允许最大壅水水深设计，即 $H = H'$。设计的孔径在设计流量 Q 通过时应该保证桥下不发生冲刷，即桥孔流速 v 不超过桥下铺砌材料或天然土壤的不冲刷允许流速 v'。

经常采用第一个原则进行小桥孔径设计，计算公式如下：

若桥孔过水断面宽度为 b，当水流发生侧向收缩时，有效过流宽度为 εb，则设计流量下桥孔的临界水深为：

$$h_k = \sqrt[3]{\frac{\alpha Q^2}{g(\varepsilon b)^2}} \tag{8-22}$$

在设计流量下若按允许流速 v' 确定桥孔宽度，对于自由式小桥过水，$h_1 = \psi h_k$，则：

$$Q = \varepsilon bh_1 v' = \varepsilon b\psi h_k v' \tag{8-23}$$

因此，自由出流时的桥孔宽度：

$$b = \frac{Q}{\varepsilon\psi h_k v'} \tag{8-24}$$

若为淹没出流：

$$b = \frac{Q}{\varepsilon hv'} \tag{8-25}$$

将式(8-23)代入式(8-22)得到：

$$h_k = \frac{\alpha\psi^2 v'^2}{g} \tag{8-26}$$

4. 小桥孔径的计算步骤

① 计算临界水深，判别小桥过水形式，计算桥孔宽度。

$h_k = \dfrac{\alpha \psi^2 v'^2}{g}$；当 $h < 1.3 h_k$ 时，$b = \dfrac{Q}{\varepsilon \psi h_k v'}$；当 $h \geqslant 1.3 h_k$ 时，$b = \dfrac{Q}{\varepsilon h v'}$。

② 取标准孔径 $B > b$。公路、铁路桥梁的标准孔径一般有 4m、5m、6m、8m、10m、12m、16m、20m 等十多种。

③ 计算标准孔径下的 h'_k。

$$h'_k = \sqrt[3]{\dfrac{\alpha Q^2}{g(\varepsilon B)^2}}$$

如果原来为自由出流需校核是否变为淹没出流，若已变成淹没出流，则需由淹没出流公式重新计算桥孔宽度并选择标准孔径。如果原来为淹没出流，增大孔径后，淹没更为严重，所以 B 即为所求。

④ 计算标准孔径时的桥下流速和桥前壅水水深，与允许值进行比较。

自由式：

$$v = \dfrac{Q}{\varepsilon B \psi h'_k}, \quad H \approx H_0 = \dfrac{v^2}{2g\varphi^2} + \psi h'_k$$

淹没式：

$$v = \dfrac{Q}{\varepsilon B h}, \quad H \approx H_0 = \dfrac{v^2}{2g\varphi^2} + h$$

七、闸孔出流

1. 闸孔出流的水流特性

闸门主要用来控制和调节河流及水库的泄流量。当闸门部分开启，水流在闸门控制下出流，称为闸孔出流。实际上，对于明渠中具有闸门控制的同一过流建筑物而言，在某种条件下出流属于堰流，在另外的条件下也可以变成闸孔出流。下列数值，可作为判别的大致界限。

闸底坎为平顶堰时：

$\dfrac{e}{H} \leqslant 0.65$，为闸孔出流；

$\dfrac{e}{H} > 0.65$，为堰流。

闸底坎为曲线形堰时：

$\dfrac{e}{H} \leqslant 0.75$，为闸孔出流；

$\dfrac{e}{H} > 0.75$，为堰流。

式中：e——闸孔开度；

H——从堰顶算起的闸前水深。

如图 8-11 所示，闸前水流在水头 H 的作用下经闸孔流出，由于惯性作用流线继续收缩，在闸孔下游不远处形成水深最小的收缩断面，以后由于阻力作用水深逐渐增大，收缩断面水深 $h_c < e$，用 $h_c = \varepsilon' e$ 表示，ε' 称为垂直收缩系数。

收缩断面的水深 h_c 一般小于下游渠道中的临界水深 h_k，而下游渠道水深通常为 $h > h_k$，则闸孔出流必然以水跃的形式与下游水流衔接。当下游水深 h 大于 h_c 的共轭水深 h_c'' 时，收缩断面被水跃淹没，称为淹没式闸孔出流，如图 8-12 所示。否则形成自由式闸孔出流，如图 8-11 所示。

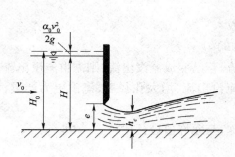

图 8-11　平顶堰上闸孔自由出流　　　　图 8-12　平顶堰上闸孔淹没出流

曲线形实用堰上的闸门一般安装在堰顶之上，如图 8-13 所示。当闸孔泄流时，由于闸前水流是在整个堰前水深范围向闸孔汇集的，因此出闸水流的收缩比平底上的闸孔出流更充分、更完善。过闸后水流在重力作用下紧贴堰面下泄，厚度逐渐变薄，不像平底上的闸孔出流一样出现明显的收缩断面。实际工程中曲线形实用堰上的闸孔出流多为自由出流。

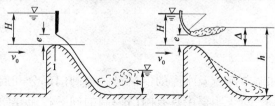

图 8-13　曲线形实用堰上的闸孔出流

2. 闸孔出流的基本公式

对于宽顶堰上的闸孔自由出流可采用式(8-27)或式(8-28)计算：

$$Q = \varphi b h_c \sqrt{2g(H_0 - h_c)} = \varphi b \varepsilon' e \sqrt{2g(H_0 - \varepsilon' e)} \tag{8-27}$$

为便于应用，式(8-27)可简化为：

$$Q = \mu e b \sqrt{2gH_0} \tag{8-28}$$

式(8-27)只适用于宽顶堰上的闸孔自由出流，式(8-28)适用于宽顶堰和曲线形实用堰上的闸孔自由出流。

以上两式中：H_0——闸前全水头；

φ——流速系数；

μ——闸孔自由出流的流量系数，$\mu = \varphi \varepsilon' \sqrt{1 - \dfrac{\varepsilon' e'}{H_0}}$。

如为淹没出流,可以采用下式计算:

$$Q = \sigma\mu be\sqrt{2gH_0} = \mu_s be\sqrt{2gH_0} \qquad (8\text{-}29)$$

式中:μ_s——含有淹没系数的流量系数。

3. 流量系数的计算公式

对于宽顶堰上平板闸门的闸孔出流:

$$\mu = 0.6 - 0.176\frac{e}{H} \qquad (8\text{-}30)$$

对于宽顶堰上弧形闸门的闸孔出流:

$$\mu = \left(0.97 - 0.81\frac{\alpha°}{180°}\right) - \left(0.56 - 0.81\frac{\alpha°}{180°}\right)\frac{e}{H} \qquad (8\text{-}31)$$

式中:α——弧形闸门底缘切线与水平线夹角,适用范围为 $25° < \alpha \leq 90°$,$0 < \frac{e}{H} \leq 0.65$。

对于曲线型实用堰上的平板闸门:

$$\mu = 0.65 - 0.186\frac{e}{H} \qquad (8\text{-}32)$$

对于曲线型实用堰上的弧形闸门:

$$\mu = 0.685 - 0.19\frac{e}{H} \qquad (8\text{-}33)$$

式(8-32)、式(8-33)适用范围为 $0.1 < \frac{e}{H} \leq 0.75$。

对于宽顶堰上的闸孔淹没出流:

$$\mu_s = 0.95\sqrt{\frac{\ln(H/h)}{\ln(H/h_c'')}} \qquad (8\text{-}34)$$

式中:h——下游水深;
h_c''——完整水跃时 h_c 的共轭水深。

第二节 典型例题

【例 8-1】 在某矩形断面渠道中修筑宽顶堰。已知:渠道宽度 $B = 4\text{m}$,堰宽 $b = 3\text{m}$,坎高 $P_1 = P_2 = 1.5\text{m}$,堰前水头 $H = 2\text{m}$,堰顶为直角进口矩形墩头,下游水深 $h = 2.5\text{m}$,试求过堰流量 Q。

解析:该题的难点是由于堰前断面面积不大,堰前断面的流速水头不能忽略不计,而流量又未知,故堰上全水头未知,因此需迭代计算。可以先给一个 H_0 的初值(可令 $H_{01} = H$),计算流量,由第一次计算流量得到 H_{02},再由 H_{02} 计算下一流量,依此类推直至满足精度要求。

答案:(1)首先判别堰的出流形式

$$\Delta = h - P_1 = 2.5 - 1.5 = 1.0\text{m}$$
$$0.8H_0 > 0.8H = 0.8 \times 2 = 1.6\text{m}$$

$\Delta < 0.8H < 0.8H_0$,故为自由式宽顶堰。

因为 $b<B$，故为有侧收缩。

(2)计算流量系数 m

$$\frac{P_1}{H} = \frac{1.5}{2} = 0.75 < 3$$

$$m = 0.32 + 0.01 \times \frac{3 - \dfrac{P_1}{H}}{0.46 + 0.75\dfrac{P_1}{H}} = 0.342$$

(3)计算收缩系数 ε

矩形墩头：$\alpha_0 = 0.19$

$$\varepsilon = 1 - \frac{\alpha_0}{\sqrt[3]{0.2 + \dfrac{P_1}{H}}} \sqrt[4]{\dfrac{b}{B}} \left(1 - \dfrac{b}{B}\right) = 1 - \frac{0.19}{\sqrt[3]{0.2 + \dfrac{1.5}{2}}} \sqrt[4]{\dfrac{3}{4}} \left(1 - \dfrac{3}{4}\right) = 0.955$$

(4)计算流量

自由式有侧收缩宽顶堰的流量公式为：

$$\left. \begin{array}{l} Q = \varepsilon m b \sqrt{2g} H_0^{\frac{3}{2}} \\ v_0 = \dfrac{Q}{(H+P_1)B} \\ H_0 = H + \dfrac{\alpha_0 v_0^2}{2g} \end{array} \right\} \qquad (8\text{-}35)$$

这是 Q 的隐式方程，常用迭代法求解。

迭代法的思路是：先给一个 H_0 的初值，可令 $H_0 = H$，用第一个式子求出 $Q_{(1)}$，用第二个式子求出 $v_{0(1)}$，用第三个式子求出 $H_{0(1)}$；接着，将 $H_{0(1)}$ 代入第一个式子求出 $Q_{(2)}$，用第二个式子求出 $v_{0(2)}$，用第三个式子求出 $H_{0(2)}$……一直迭代下去，直到所求出的 $Q_{(n)}$ 和前一个 $Q_{(n-1)}$ 比较满足误差要求为止。

通过计算，解得 $Q = Q_{(3)} = 12.65 \text{m}^3/\text{s}$。

【例8-2】 设计一小桥孔径 B。设计流量 $Q = 30\text{m}^3/\text{s}$，允许壅水水深 $H' = 2.0\text{m}$，小桥下游河道水深 $h = 1.0\text{m}$，桥下铺砌材料的允许流速 $v' = 3.5\text{m/s}$，选定小桥进口形式后知：$\varepsilon = 0.85$，$\varphi = 0.90$，$\psi = 0.80$。

解析：本题为小桥孔径设计的常见问题，可由允许流速确定桥孔孔径，再验算桥前壅水水深是否满足要求。需注意初次计算孔径时和选取标准孔径后的流态判别。

答案：(1)从 v' 出发求 h_k，并判断小桥过水类型

由式(8-26)：

$$h_k = \frac{\alpha \psi^2 v'^2}{g} = \frac{1.0 \times 0.8^2 \times 3.5^2}{9.8} = 0.80\text{m}$$

由于 $1.3h_k = 1.3 \times 0.8 = 1.04\text{m} > h = 1.0\text{m}$，故为自由式小桥过水。

(2) 求小桥孔径

由式(8-24)得:

$$b = \frac{Q}{\varepsilon\psi h_k v'} = \frac{30}{0.85 \times 0.8 \times 0.8 \times 3.5} = 15.8\text{m}$$

取标准孔径 $B = 16\text{m} > 15.8\text{m}$。由于 $B > b$,原自由式可能转变成淹没式。计算标准孔径 B 时的临界水深 h_k':

$$h_k' = \sqrt[3]{\frac{\alpha Q^2}{g(\varepsilon B)^2}} = \sqrt[3]{\frac{1 \times 30^2}{9.8 \times (0.5 \times 16)^2}} = 0.792\text{m}$$

$1.3h_k' = 1.03\text{m} > h = 1.0\text{m}$,仍为自由式,$B$ 为所求。

(3) 核算标准孔径 B 时的桥孔流速和桥前壅水水深 H

$$v = \frac{Q}{\varepsilon B\psi h_k'} = \frac{30}{0.85 \times 16 \times 0.80 \times 0.792} = 3.48\text{m/s} < 3.5\text{m/s}$$

$$H \approx H_0 = \frac{v^2}{2g\varphi^2} + \psi h_k' = \frac{3.48^2}{2 \times 9.8 \times 0.9^2} + 0.8 \times 0.792 = 0.763 + 0.634 = 1.397\text{m} < H' = 2.0\text{m}$$

计算结果表明,采用标准孔径 $B = 16\text{m}$ 时,桥孔流速和壅水水深皆满足要求。

【例 8-3】 如图 8-14 所示管路,通过流量 $Q = 80\text{L/s}$,直径 $d = 200\text{mm}$,以 A 点算起的长度 $l = 12\text{m}$,沿程阻力系数 $\lambda = 0.02$,阀门局部阻力系数 $\zeta_1 = 0.1$,弯道局部阻力系数 $\zeta_2 = 0.2$,管道中 A 点在基准面以上的高度 $h = 10\text{m}$。为使 A 点的负压值不超过 6m 水柱高,在管路出口设置一装有矩形薄壁堰板(自由出流)的木箱,堰宽 $b = 0.5\text{m}$,流量系数 $m = 0.41$,求堰顶高程 Z(忽略堰前断面行近流速水头)。

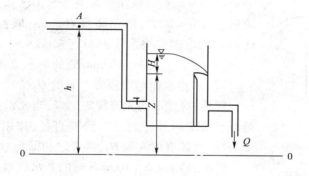

图 8-14 【例题 8-3】图

解析: 本题涉及能量方程、薄壁堰流计算的联合应用。根据连续性原理,通过薄壁堰的流量等于管路的流量,首先由堰流计算公式确定堰顶水头,再由能量方程求出堰顶高程 Z。

答案: 薄壁堰为自由出流且无侧收缩,直接应用完全堰的计算公式(忽略行近流速水头):

$$Q = mb\sqrt{2g}H^{\frac{3}{2}}$$

则:

$$H = \left(\frac{Q}{mb\sqrt{2g}}\right)^{\frac{2}{3}} = \left(\frac{0.08}{0.41 \times 0.5 \times \sqrt{2 \times 9.8}}\right)^{\frac{2}{3}} = 0.198\text{m}$$

以 0-0 为基准面建立 A 处与薄壁堰前断面的能量方程,则:

$$h + \frac{p_A}{\gamma} + \frac{\alpha v_A^2}{2g} = Z + H + \frac{p_a}{\gamma} + h_w$$

$$h_\omega = \lambda \frac{l}{d} \frac{v_A^2}{2g} + (\zeta_1 + 2\zeta_2 + 1)\frac{p_A^2}{2g}$$

$$\frac{p_a - p_A}{\gamma} = h - (Z + H) - \left(\lambda \frac{l}{d} + \zeta_1 + 2\zeta_2\right)\frac{v_A^2}{2g}$$

其中:

$$\frac{p_a - p_A}{\gamma} = h_v = 6\text{m}$$

$h_v = 6\text{m}$ 为 A 点真空值。

$$v_A = \frac{Q}{\frac{1}{4}\pi d^2} = \frac{4 \times 0.08}{3.14 \times 0.2^2} = 2.548\text{m/s}$$

将以上数值代入能量方程整理得:

$$Z = h - H - h_v - \left(\lambda \frac{l}{d} + \zeta_1 + 2\zeta_2\right)\frac{v_A^2}{2g}$$

$$= 10 - 0.198 - 6 - \left(0.02 \times \frac{12}{0.2} + 0.15 + 2 \times 0.2\right) \times \frac{2.548^2}{2 \times 9.8} = 3.22\text{m}$$

【例 8-4】 如图 8-15 所示,为使水箱底部的流线型喷嘴在恒定水头下出流,水箱侧壁有一薄壁矩形堰板以宣泄多余的来水。已知管嘴直径 $d = 120\text{mm}$,流量系数 $\mu = 0.97$,堰顶高程 $H = 3\text{m}$,堰宽 $b = 0.7\text{m}$,流量系数 $m = 0.43$,取侧收缩系数 $\varepsilon = 1$。求:

(1) 堰上水头 $h = 100\text{mm}$ 时的来水流量 Q_1 和管嘴流量 Q_2。
(2) 水箱水面与堰顶齐平时的 Q_1。

解析:薄壁堰为无淹没矩形堰,当流量系数和堰上水头已知时可直接求解其过流量。管嘴直径、作用水头、流量系数均已知,也可直接求解流量 Q_2,两者之和即为 Q_1。

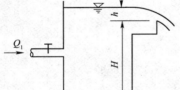

图 8-15 【例题 8-4】图

答案:(1) 求 $h = 100\text{mm}$ 时的来水流量 Q_1 和管嘴流量 Q_2
由薄壁堰流公式(忽略堰前断面的流速水头):

$$Q_3 = mb\sqrt{2g}h^{\frac{3}{2}} = 0.43 \times 0.7 \times \sqrt{2 \times 9.8} \times 0.1^{\frac{3}{2}} = 0.042\text{m}^3/\text{s}$$

管嘴流量:

$$Q_2 = \mu\omega\sqrt{2g(H+h)} = 0.97 \times \frac{1}{4} \times 3.14 \times 0.12^2 \times \sqrt{2 \times 9.8 \times 3.1} = 0.086\text{m}^3/\text{s}$$

来流量:

$$Q_1 = Q_2 + Q_3 = 0.128\text{m}^3/\text{s}$$

（2）求水箱水面与堰顶齐平时的 Q_1

水箱水面与堰顶齐平时：
$$h = 0, Q_3 = 0$$

管嘴流量：
$$Q_2 = \mu\omega\sqrt{2gH} = 0.97 \times \frac{1}{4} \times 3.14 \times 0.12^2 \times \sqrt{2 \times 9.8 \times 3} = 0.084 \,\mathrm{m^3/s}$$

来流量：
$$Q_1 = Q_2 = 0.084 \,\mathrm{m^3/s}$$

第九章 渗　　流

第一节　重点内容

一、渗流的基本概念

流体在多孔介质中的流动称为渗流。在土建工程中渗流主要是指水在岩层或土壤孔隙中的流动，所以亦称地下水运动。

1. 地下水的状态

岩土孔隙中的地下水可处于各种不同的状态，分为气态水、附着水、薄膜水、毛细水和重力水。由于前四种所占比例很小，除特殊情况外，在渗流运动中均不予考虑。重力水是指在重力作用下沿土壤孔隙运动的水，是渗流运动的主要研究对象。

2. 渗透性质与岩土分类

均质岩土：渗透性质与各点的位置无关，分成：
①各向同性岩土，其渗透性质与渗流的方向无关，如沙土。
②各向异性岩土，渗透性质与渗流方向有关，如黄土、沉积岩等。
非均质岩土：渗透性质与各点的位置有关。
本章只研究均质各向同性岩土中重力水的运动。

二、渗流模型

1. 渗流的基本特点

①质点运动轨迹复杂。
②渗流流速很小，$\frac{\alpha v^2}{2g} \approx 0$，总水头与测压管水头相等，即 $H = z + \frac{p}{\gamma}$。
③渗流为不连续流动，存在无数个不连续点。

2. 渗流模型

为了使不连续的渗流区域能够进行数学运算，引出渗流模型的概念。渗流模型为假想的渗流区，认为模型区域内的土壤不存在，孔隙和土壤颗粒所占的空间总和均为渗流所充满，同时应满足下列条件：
①渗流模型与实际渗流的边界条件完全相同。
②通过渗流模型过水断面的渗流量必须等于实际渗流通过相应过水断面的渗流量。
③渗流模型和实际渗流对应点处的阻力应相等，即对应流段内水头损失保持相等。

④对任一作用面,渗流模型得出的动水压力和实际渗流的动水压力相等。

满足了以上要求的渗流模型,所得到的主要运动要素是与实际渗流相符合的。但要注意的是,渗流模型中某点处的流速和实际渗流相应点的流速不相等,实际渗流流速大于渗流模型的流速。

三、达西渗流定律

达西渗流定律的表达式为:

$$v = kJ \tag{9-1}$$

式中:v——渗流模型的断面平均流速;
　　k——反映土壤透水性能的综合性系数,称为渗透系数;
　　J——水力坡度。

对于均匀或渐变渗流的同一断面上的各点,因 $z + \dfrac{p}{\gamma}$ 相等,故 H 相等、J 相等,因此断面上各点流速相等,都等于断面平均流速,即:

$$u = v = kJ = -k\frac{dH}{ds} \tag{9-2}$$

式(9-2)称为裘皮幼公式。

达西定律适用于层流渗流,即水头损失与流速的一次方成正比。

渗流的实际雷诺数通常用下式表达:

$$Re = \frac{1}{0.75n + 0.23}\frac{vd}{\nu} \tag{9-3}$$

式中:n——土的孔隙率;
　　d——土的有效粒径(通常用 d_{10} 来计算,d_{10} 是表示占10%质量的土可以通过的筛孔直径);
　　v——渗流流速;
　　ν——液体运动黏性系数。

根据试验得到渗流运动的临界雷诺数 $Re_c = 7 \sim 9$,当 $Re < Re_c$ 时,渗流符合达西定律。

四、地下水均匀流与非均匀流

若地下水表面为大气压强,这种渗流称为地下明渠水流,其中包括均匀流、渐变流和急变流。

1. 地下水均匀流

(1)特征

如图9-1所示,地下水均匀流与地上水均匀流的不同点是地下水均匀流的总水头线与测压管水头线重合。

(2)流速分布

由裘皮幼公式,地下水均匀流过水断面流速分布为矩形且沿程不变。

(3)流量

$$Q = \omega v = kJ\omega = \omega ki \tag{9-4}$$

对于矩形河槽,单宽流量:

$$q = kh_0 i \tag{9-5}$$

2. 地下水渐变流

(1) 断面流速分布

如图 9-2 所示,任一断面流速分布为矩形,但不同断面流速不等。

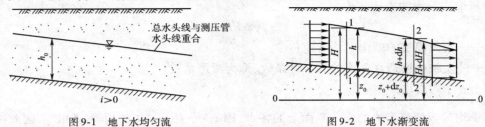

图 9-1　地下水均匀流　　　　图 9-2　地下水渐变流

(2) 基本微分方程

$$Q = \omega v = \omega kJ = -\omega k \frac{\mathrm{d}H}{\mathrm{d}s}$$

由图 9-2 可知,若 1-1 断面和 2-2 断面之间的流程长度为 $\mathrm{d}s$,则 $-\mathrm{d}H = i\mathrm{d}s - \mathrm{d}h$,$J = -\frac{\mathrm{d}H}{\mathrm{d}s} = i - \frac{\mathrm{d}h}{\mathrm{d}s}$,代入上式得到:

$$Q = \omega k \left(i - \frac{\mathrm{d}h}{\mathrm{d}s} \right) \tag{9-6}$$

$$\frac{\mathrm{d}h}{\mathrm{d}s} = i - \frac{Q}{\omega k} \tag{9-7}$$

(3) 渐变渗流的水面曲线(浸润曲线)

渗流中由于不计流速水头,断面单位能量 $e = h$,断面比能最小值对应的水深 $h_k = 0$,因此地下河槽中的渗流均属缓流,同时缓坡、陡坡等概念也不存在。地下水渐变流的水面曲线共有 4 种形式。

如图 9-3 所示,顺坡地下河槽的浸润线有两种:a 型为壅水曲线,上游以 N-N 线为渐近线,下游趋于水平线。b 型为降水曲线,上游以 N-N 线为渐近线,下游从理论上与槽底正交,实际应用时由下游具体边界条件确定。平坡和逆坡地下河槽的浸润线各有一种,分别为 b_0 和 b' 型,b_0 和 b' 型均为降水曲线,上游趋于水平线,下游从理论上与槽底正交,实际应用时由下游具体边界条件确定。

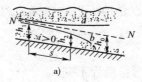

a)　　　　　　　　b)　　　　　　　　c)

图 9-3　渐变渗流的水面曲线

对于顺坡渠道($i>0$),将$Q=ki\omega_0$代入式(9-7),则:

$$\frac{dh}{ds}=i-\frac{ki\omega_0}{\omega k}=i\left(1-\frac{\omega_0}{\omega}\right)$$

对于矩形地下河槽:

$$\frac{dh}{ds}=i\left(1-\frac{h_0}{h}\right)$$

令:

$$\eta=\frac{h}{h_0}, dh=h_0 d\eta$$

即:

$$\frac{h_0 d\eta}{ds}=i\left(1-\frac{1}{\eta}\right)$$

积分得:

$$s=\frac{h_0}{i}\left[(\eta_2-\eta_1)+\ln\frac{\eta_2-1}{\eta_1-1}\right] \tag{9-8}$$

其中:

$$\eta_2=\frac{h_2}{h_0}, \eta_1=\frac{h_1}{h_0}$$

式中:s——两断面的间距。

式(9-8)即为矩形断面顺坡棱柱形地下河槽的浸润线计算公式。

对于平坡渠道($i=0$),由式(9-7)得到:

$$\frac{dh}{ds}=-\frac{Q}{\omega k}=-\frac{q}{kh}$$

积分得:

$$s=\frac{k}{2q}(h_1^2-h_2^2) \tag{9-9}$$

式(9-9)即为矩形断面平坡棱柱形地下河槽的浸润线计算公式。

对于逆坡渠道($i<0$),浸润线计算公式为:

$$\frac{i's}{h_0'}=\eta_1'-\eta_2'+\ln\frac{1+\eta_2'}{1+\eta_1'} \tag{9-10}$$

其中:

$$\eta_1'=\frac{h_1}{h_0'}, \eta_2'=\frac{h_2}{h_0'}$$

式中:i'——虚拟的正底坡,$i'=-i$;

h_0'——虚拟正底坡上出现均匀流时的虚拟正常水深。

五、集水廊道和井

1. 集水廊道

如图9-4所示的集水廊道,底部水平,其单侧浸润线方程:

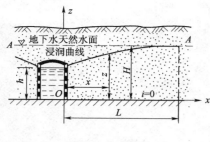

图 9-4 集水廊道

$$z^2 - h^2 = \frac{2q}{k}x \tag{9-11}$$

单侧单宽渗流量为：

$$q = \frac{k}{2L}(H^2 - h^2) \tag{9-12}$$

式中：H——原地下水水深；

h——廊道中水深；

L——集水廊道的影响范围。

2. 潜水井（无压井）

具有自由水面的地下水称为无压地下水或潜水。在潜水中修建的井称为潜水井或无压井，井底深达不透水层的井称为完全井，如图 9-5 所示。

在图 9-5 中取半径为 r 并与井同心的圆柱面，圆柱面的面积 $\omega = 2\pi rz$。圆柱面上各点的水力坡度皆为 $J = \dfrac{\mathrm{d}z}{\mathrm{d}r}$，则由达西定律得出经此渐变流圆柱面的渗流量：

$$Q = 2\pi rzk\frac{\mathrm{d}z}{\mathrm{d}r}$$

由此得到潜水井的浸润漏斗方程：

$$z^2 - h^2 = \frac{Q}{\pi k}\ln\frac{r}{r_0} = 0.732\frac{Q}{k}\lg\frac{r}{r_0} \tag{9-13}$$

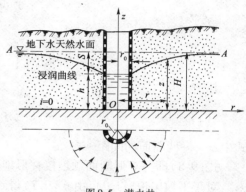

图 9-5 潜水井

在距离井相当远的地方，可近似认为该处浸润面不受井中抽水的影响，该处到井中心的距离称为井的影响半径，用 R 表示，令 $r = R, z = H$，得：

$$Q = 1.366\frac{k(H^2 - h^2)}{\lg\dfrac{R}{r_0}} \tag{9-14}$$

式中：r_0、h——井的半径与井中水深。

式（9-14）为潜水井产水量公式。

3. 承压井（自流井）

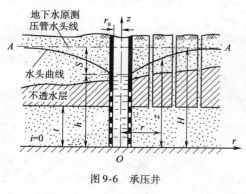

图 9-6 承压井

穿过一层或多层不透水层，在地下有压含水层中开掘的井称为承压井。

如图 9-6 所示的完全承压井，底层与覆盖层均为水平，两层间的距离 t 为一定，取半径为 r 并与井同心的圆柱面，则过水断面积 $\omega = 2\pi rt$，断面上各点的水力坡度为 $\dfrac{\mathrm{d}z}{\mathrm{d}r}$，则渗流量：

$$Q = 2\pi rtk\frac{\mathrm{d}z}{\mathrm{d}r}$$

积分得抽水后的测压管水头线方程：

$$z - h = \frac{Q}{2\pi tk}\ln\frac{r}{r_0} = 0.366\frac{Q}{kt}\lg\frac{r}{r_0} \qquad (9\text{-}15)$$

引入影响半径 R 的概念后，将 $r = R$、$z = H$ 代入式(9-15)得承压井产水量的公式：

$$Q = 2.73\frac{kt(H-h)}{\lg\dfrac{R}{r_0}} \qquad (9\text{-}16)$$

4. 井群

在一个区域打多口井同时抽水，当这些井之间的距离不是很大时，井与井之间的渗流相互干扰，使得地下水浸润面呈现复杂的形状，这种同时工作的多口井称为井群。

井群的渗流量公式为：

$$Q = 1.36\frac{k(H^2 - h^2)}{\lg R - \dfrac{1}{n}\lg(r_1 \times r_2 \times \cdots \times r_n)}$$

式中：　n——井的数目；

$\qquad\qquad h$——渗流区内任意点 A 的含水层厚度（即地下水深度）；

$r_1, r_2, \cdots, r_n$——各水井至 A 点的距离；

$\qquad\qquad R$——井群的影响半径，可按单井的影响半径计算；

$\qquad\qquad H$——原含水层的厚度。

第二节　典型例题

【例 9-1】 如图 9-7 所示，渗流区底部不透水层的底坡 $i = 0.02$，渗流区的左右有河渠通过。左侧渠道渗入到渗流区的水深 $h_1 = 1.5\text{m}$，右侧渗出至河道处的渗流水深 $h_2 = 2.5\text{m}$，两河渠间的距离 $s = 200\text{m}$，土壤的渗透系数 $k = 0.005\text{cm/s}$。求：

(1) 单宽渗流量 q。

(2) 绘制渗流区的浸润线。

解析： 本题属于顺坡地下明渠非均匀流问题，可直接由公式 $s = \dfrac{h_0}{i}\left[(\eta_2 - \eta_1) + \ln\dfrac{\eta_2 - 1}{\eta_1 - 1}\right]$ 计算 h_0，由于式中的 η_1、η_2 均为 h_0 的函数，因此需试算得出答案。浸润线绘制时首先判别浸润线形式。

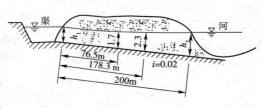

图 9-7 【例题 9-1】图

答案： (1) 求单宽渗流量

以 $\eta_1 = \dfrac{h_1}{h_0}$、$\eta_2 = \dfrac{h_2}{h_0}$ 代入式(9-8)得到：

$$is = h_2 - h_1 + h_0\ln\frac{h_2 - h_0}{h_1 - h_0}$$

137

代入数据:
$$0.02 \times 200 = 2.5 - 1.5 + h_0 \ln \frac{2.5 - h_0}{1.5 - h_0}$$

即:
$$3.0 = h_0 \ln \frac{2.5 - h_0}{1.5 - h_0}$$

经试算得:
$$h_0 = 1.374 \text{m}$$

则渗流区的单宽渗流量为:
$$q = kih_0 = 0.005 \times 10^{-2} \times 0.02 \times 1.374 = 1.374 \times 10^{-6} \text{m}^3/(\text{s} \cdot \text{m})$$

(2) 求浸润线

因 $h_2 > h_1 > h_0$,则浸润线为 a 区的壅水曲线。应用式(9-8),其中 $h_0 = 1.374\text{m}, \eta_1 = \frac{1.5}{1.374} = 1.09$,设一系列的 h_2 值,可求得相应的距离 s 值。计算结果见表9-1。

【例题9-1】计算结果 表9-1

$h_2(\text{m})$	1.7	2.0	2.3	2.5
η_2	1.237	1.456	1.674	1.820
$s(\text{m})$	76.54	136.50	178.29	200.00

按表中数据可以绘出浸润线。

【例9-2】 为查明地下水的储存情况,在含水层土壤中相距 $s = 500\text{m}$ 处打两个钻孔 1 和 2,如图9-8所示。测得两钻孔中水深分别为 $h_1 = 3\text{m}, h_2 = 2\text{m}$,不透水层为平坡($i = 0$),渗透系数 $k = 0.05\text{cm/s}$。求:

(1) 单宽流量 q。
(2) 两钻孔中间 C-C 断面处的水深 h_c。

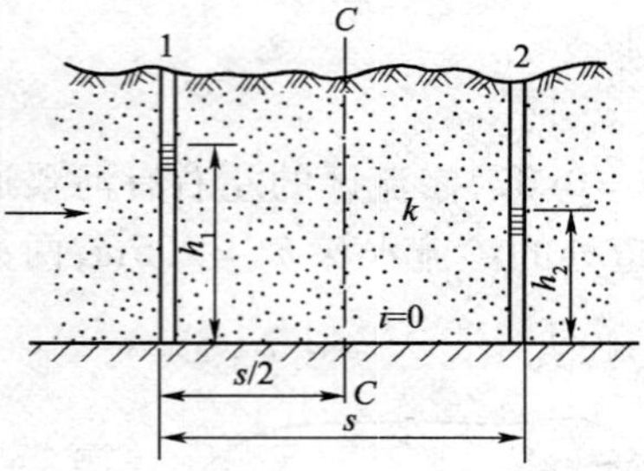

解析: 对于平坡地下明渠非均匀流,采用公式 $s = \frac{k}{2q}(h_1^2 - h_2^2)$ 可直接得到答案。

图9-8 【例题9-2】图

答案: (1) 计算单宽流量 q

对平坡上的无压渐变渗流,采用式(9-9)计算:
$$q = k \frac{h_1^2 - h_2^2}{2s} = 0.05 \times 10^{-2} \times \frac{3^2 - 2^2}{2 \times 500} = 2.5 \times 10^{-6} \text{m}^3/(\text{s} \cdot \text{m})$$

(2) 计算 C-C 断面处的水深 h_c

从 1-1 断面至 C-C 断面同样应用式(9-9):
$$q = k \frac{h_1^2 - h_c^2}{2s_{1-c}}$$

即:
$$2.5 \times 10^{-6} = 0.05 \times 10^{-2} \times \frac{3^2 - h_c^2}{2 \times 250}$$

解得:
$$h_c = 2.55\text{m}$$

【例 9-3】 如图 9-9 所示,为了在野外实测土的渗透系数 k,在具有水平不透水层的渗流区内打一口潜水井(完全井),并在距井中心 $r_1 = 70\text{m}$、$r_2 = 20\text{m}$ 的同一半径方向上设置两观测钻孔。在井中抽水,待井中水位和两观测钻孔的水位保持恒定后,测得井的抽水量 $Q = 0.003\text{m}^3/\text{s}$,两钻孔中的水深分别为 $h_1 = 2.8\text{m}, h_2 = 2.3\text{m}$。设井周围的渗流区内为均质各向同性土,试求土的渗透系数。

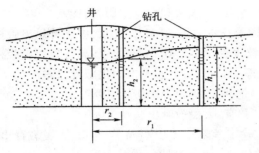

图 9-9 【例题 9-3】图

解析:本题属于无压完全井的计算,可直接代入公式求解。
答案:代入式(9-13)得:
$$h_1^2 - h_2^2 = 0.732 \frac{Q}{k} \lg \frac{r_1}{r_2}$$

$$k = \frac{0.732 Q}{h_1^2 - h_2^2} \lg \frac{r_1}{r_2} = \frac{0.732 \times 0.003}{2.8^2 - 2.3^2} \lg \frac{70}{20} = 0.000468 \text{m/s}$$

参 考 文 献

[1] 齐清兰. 水力学[M]. 北京:中国铁道出版社,2008.
[2] 齐清兰,霍倩. 流体力学[M]. 北京:中国水利水电出版社,2012.
[3] 齐清兰. 水力学[M]. 北京:中国水利水电出版社,1998.
[4] 齐清兰. 水力学学习指导及考试指南[M]. 北京:中国计量出版社,2000.
[5] 西南交通大学水力学教研室. 水力学[M]. 北京:高等教育出版社,1983.
[6] 郑文康,刘翰湘. 水力学[M]. 北京:水利电力出版社,1991.
[7] 吴持恭. 水力学[M]. 北京:高等教育出版社,1982.
[8] 周善生. 水力学[M]. 北京:人民教育出版社,1980.
[9] 西南交通大学,哈尔滨建工学院. 水力学[M]. 北京:人民教育出版社,1979.
[10] 大连工学院水力学教研室. 水力解题指导及习题集[M]. 北京:高等教育出版社,1984.
[11] 杨凌真. 水力学难题分析[M]. 北京:高等教育出版社,1987.
[12] 李大美,杨小亭. 水力学[M]. 武汉:武汉大学出版社,2004.
[13] 吴祯祥,杨玲霞. 水力学[M]. 北京:气象出版社,1994.
[14] 黄儒钦. 水力学教程[M]. 2版. 成都:西南交通大学出版社,1998.
[15] 毛根海. 应用流体力学[M]. 北京:高等教育出版社,2006.